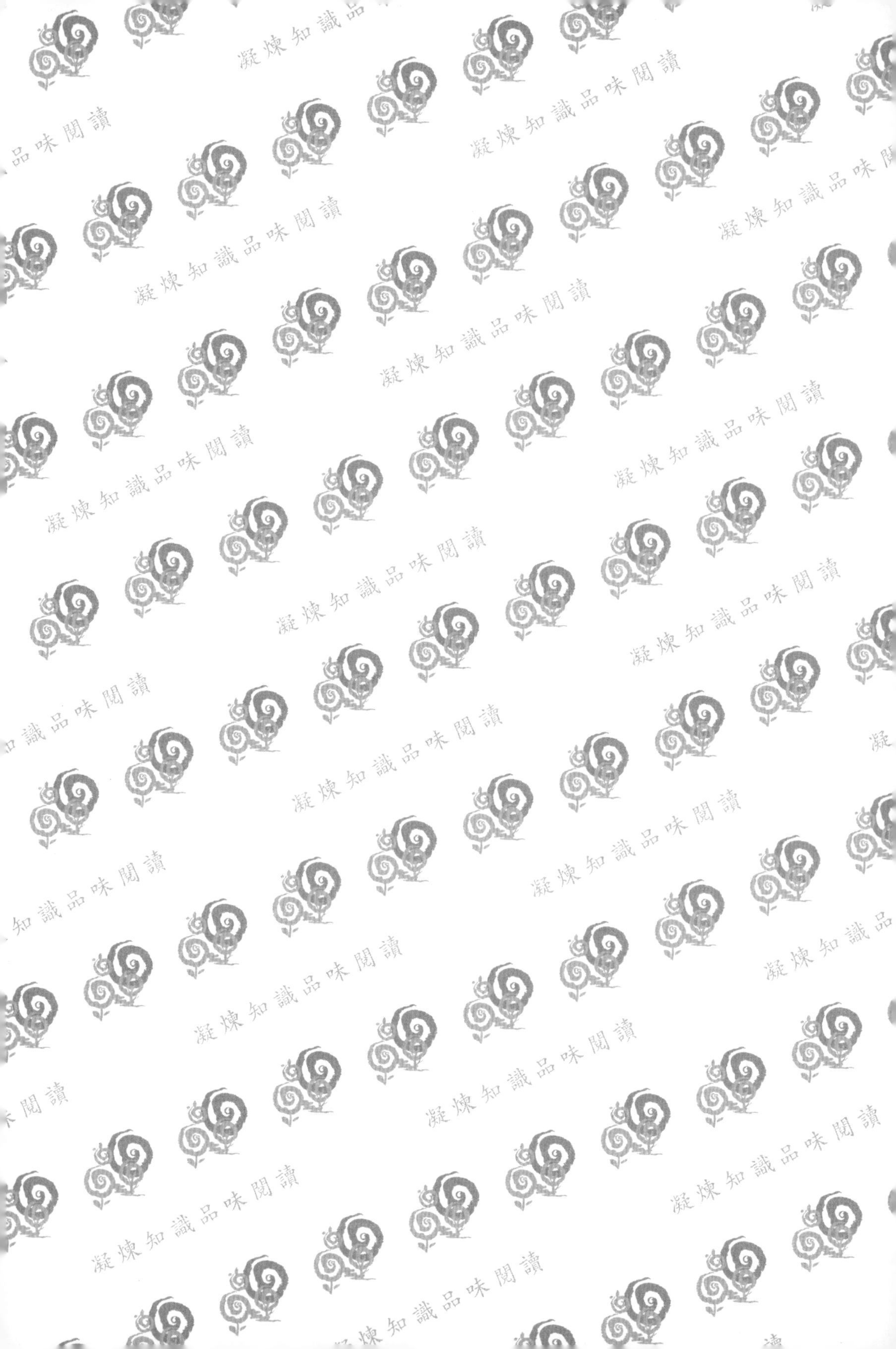

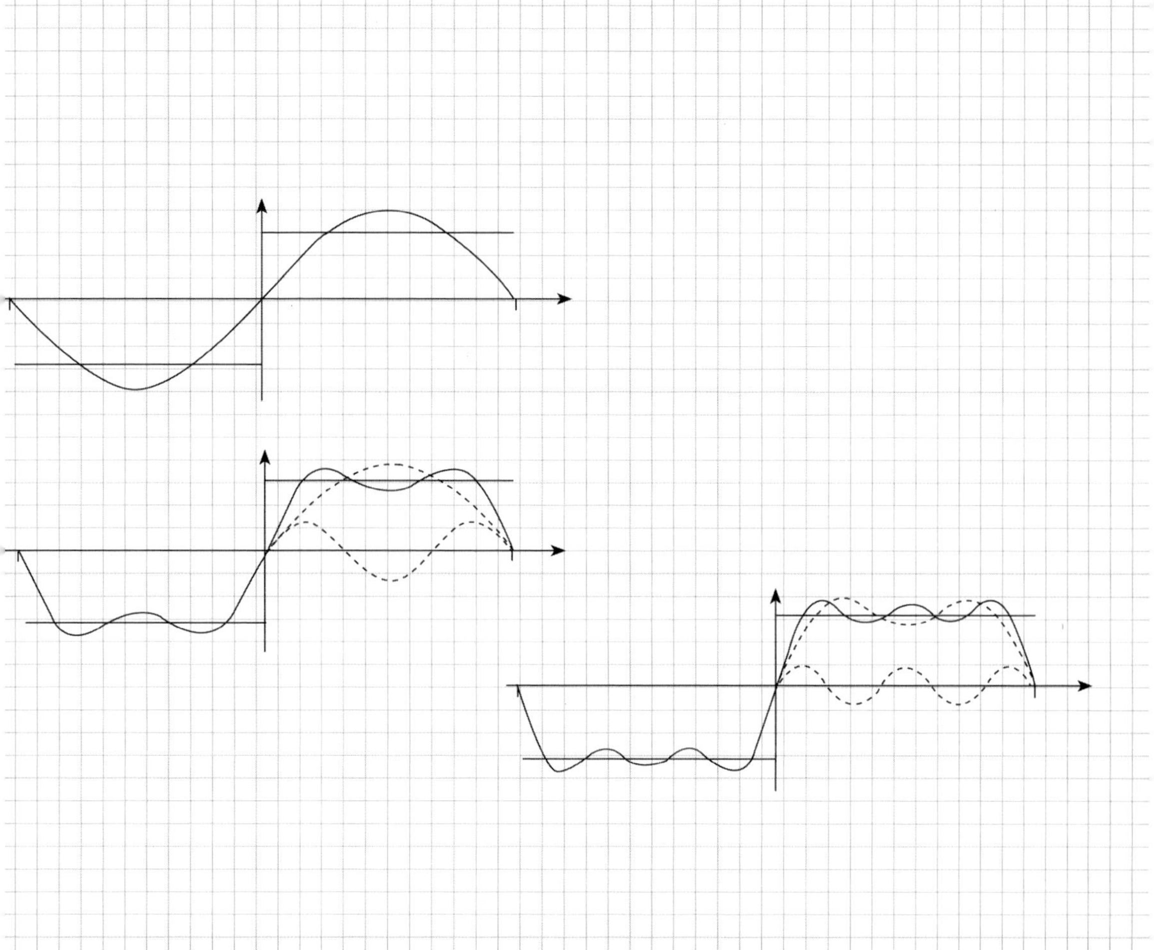

第一次學 工程數學就上手(2)

拉氏轉換與傅立葉

第五版

林振義 著

五南圖書出版公司 印行

序言

我利用「SOP 閃通教學法」教我們系上的工程數學課，學生普遍反應良好。學生在期末課程問卷上，寫著「這堂課真的幫了大家不少，以為工數很難，但在老師的教導下，工數就跟小學的數學一樣的簡單，這真的都是拜老師所賜的呀！」「老師很厲害，把一科很不容易學會的科目，一一講解的很詳細。」「老師謝謝您，讓我重新愛上數學。」「高三那年我放棄了數學，自從上您的課後，開始有了變化，而且還有教學影片可以在家裡複習，重點是上課也很有趣。」「一直以來我的數學是學過就忘，難得有老師可以讓我學之後記得那麼久的。」「老師讓工程數學變得非常簡單。」我們的前工學院李院長（目前任教於中山大學）說：「林老師很不容易，將一科很硬的科目，教得讓學生滿意度那麼高。」

我也因而得到了：教育部 105 年師鐸獎、第十屆（2022 年）星雲教育獎、明新科大 100、104、107、109、111 學年度教學績優教師、技職教育熱血老師、私校楷模獎等。我的上課講義《微分方程式》、《拉普拉斯轉換》，分別申請上明新科大 104、105 年度教師創新教學計畫，並獲選為優秀作品。

很多理工商科的基本計算題，如：微積分、工程數學、電路學等，有些人看到題目後，就能很快地將它解答出來，這是因為很多題目的解題方法，都有一個標準的解題流程〔註〕（SOP，Standard sOlving Procedure），只要將題目的數據帶入標準解題流程內，就可以很容易地將該題解答出來。

現在很多老師都將這標準解題流程記在頭腦內，依此流程解題給學生看。但並不是每個學生看完老師的解題後，都能將此解題流程記在腦子裡。

SOP 閃通教學法是：若能將此解題流程寫在黑板上，一步一步的引導學生將此題目解答出來，學生可同時用耳朵聽（老師）解題步驟、用眼睛看（黑板）解題步驟，則可加深學生的印象，學生只要按圖施工，就可以解出相類似的題目來。

SOP 閃通教學法的目的就是要閃通，是將老師記在頭腦內的解題步驟用筆寫出來，幫助學生快速的學習，就如同：初學游泳者使用浮板、初學下棋者使用棋譜、初學太極拳先練太極十八式一樣，這些浮板、棋譜、固定的太極招式都是為了幫助初學者快速的學會游泳、下棋和太極拳，等學生學會了後，浮板、棋譜、固定的太極招式就可以丟掉了。SOP 閃通教學法也是一樣，學會後 SOP 就可以丟掉了，之後再依照學生的需求，做一些變化題。

有些初學者的學習需要藉由浮板、棋譜、SOP 等工具的輔助，有些人則不需要，完全是依據每個人的學習狀況而定，但最後需要藉由工具輔助的學生，和不需要工具輔助的學生都學會了，這就叫做「因材施教」。

我身邊有一些同事、朋友，甚至 IEET 教學委員們直覺上覺得數學怎能 SOP？老師們會把解題步驟（SOP）記在頭腦內，依此解題步驟（SOP）教學生解題，我只是把解題步驟（SOP）寫下來，幫助學生學習，但我的經驗告訴我，對我的學生而言，寫下 SOP 的教學方式會比 SOP 記在頭腦內的教學方式好很多。

我這本書就是依據此原則所寫出來的。我利用此法寫一系列的數學套書，包含有：

1. 第一次學微積分就上手
2. 第一次學工程數學就上手 (1)—微積分與微分方程式
3. 第一次學工程數學就上手 (2)—拉氏轉換與傅立葉
4. 第一次學工程數學就上手 (3)—線性代數
5. 第一次學工程數學就上手 (4)—向量分析與偏微分方程式
6. 第一次學工程數學就上手 (5)—複變數
7. 第一次學機率就上手
8. 工程數學 SOP 閃通指南（為《第一次學工程數學就上手》(1)～(5) 之精華合集）
9. 大學學測數學滿級分（I）（II）
10. 第一次學 C 語言入門就上手

它們的寫作方式都是盡量將所有的原理或公式的用法流程寫出來，讓讀者知道如何使用此原理或公式，幫助讀者學會一門艱難的數學。

最後，非常感謝五南圖書股份有限公司對此書的肯定，此書才得以出版。本書雖然一再校正，但錯誤在所難免，尚祈各界不吝指教。

林振義

email: jylin @ must.edu.tw

註：數學題目的解題方法有很多種，此處所說的「標準解題流程（SOP）」是指教科書上所寫的或老師上課時所教的那種解題流程，等學生學會一種解題方法後，再依學生的需求，去了解其他的解題方法。

教學成果

1. 教育部105年**師鐸獎**（教學組）。
2. 星雲教育基金會第十屆（2022年）星雲教育獎典範教師獎。
3. 教育部104、105年全國大專校院社團評選特優獎的社團指導老師（熱門音樂社）。
4. 國家太空中心107、108、109、110、112年產學合作計畫主持人。
5. 參加100、104年發明展（教育部館）
6. 明新科大100、104、107、109、111學年度**教學績優教師**。
7. 明新科大110、111、112年特殊優秀人才彈性薪資獎。
8. 獲邀擔任化學工程學會68週年年會工程教育論壇講員，演講題目：工程數學SOP+1教學法，時間：2022年1月6~7日，地點：高雄展覽館三樓。
9. 獲選為技職教育**熱血老師**，接受蘋果日報專訪，於106年9月1日刊出。
10. 107年11月22日執行**高教深耕計畫**，同儕觀課與分享討論（主講人）。
11. 101年5月10日學校指派出席龍華科大校際**優良教師觀摩講座**主講人。
12. 101年9月28日榮獲**私校楷模獎**。
13. 文章「**SOP閃通教學法**」發表於師友月刊，2016年2月第584期81到83頁。
14. 文章「**談因材施教**」發表於師友月刊，2016年10月第592期46到47頁。

讀者的肯定

有五位讀者肯定我寫的書，他們寫email來感謝我，內容如下：

(1) 讀者一：

(a) Subject：第一次學工程數學就上手 6

林教授，

您好。您的「第一次學工程數學就上手」套書很好，是學習工程數學的好教材。

想請問第 6 冊機率會出版嗎？什麼時候出版？

(b) 因我發現它是從香港寄來的，我就回信給他，內容如下：

您好

1. 感謝您對本套書的肯定，因前些日子比較忙，沒時間寫，機率最快也要 7 月以後才會出版
2. 請問您住香港，香港也買的到此書嗎？

謝謝

(c) 他再回我信，內容如下：

林教授，

是的，我住在香港。我是香港城市大學電機工程系畢業生。在考慮報讀碩士課程，所以把工程數學溫習一遍。

在香港的書店有「第一次學工程數學就上手」的套書，唯獨沒有「6 機率」。因此來信詢問。希望 7 月後您的書能夠出版。

(2) 讀者二：

標題：林振義老師你好

林振義老師你好，出社會許多年的我，想要準備考明年的研究所考試。

就學時，一直對工程數學不擅長，再加上很久沒念書根本不知道從哪邊開始讀起。

因緣際會在網路上看到老師出的「第一次學工程數學就上手」系列，翻了幾頁覺得很有趣，原來工數可以有這麼淺顯易懂的方式來表達。

然後我看到老師這系列要出四本，但我只買到兩本所以我想問老師，3 的線代跟 4 的向量複變什麼時候會出，想早點買開始準備

謝謝老師

(3) 讀者三：

標題：SOP 閃通讀者感謝老師

林教授 您好，

感謝您，拜讀老師您的大作，SOP 閃通教材第一次學工程數學系列，對個人的數學能力提升，真的非常有效，超乎想像的進步，在此　誠懇　感謝老師，謝謝您～

(4) 讀者四：

標題：第一次學工程數學就上手

林老師，您好

我是您的讀者，對於您的第一次學工程數學就上手系列很喜歡。請問第四冊有預計何時出版嗎？

很希望能夠儘快拜讀，謝謝。

(5) 讀者五：

標題：老師您好

老師您好

因緣際會買了老師您的，第一次學工程數學就上手的 1 2

覺得書實在太棒了！

想請問老師 3 和 4，也就是線代和向量的部分，書會出版發行嗎？

目錄

附錄

第 3 篇

拉普拉斯轉換

拉普拉斯（Pierre Simon Laplace）

法國著名數學家和天文學家，拉普拉斯是天體力學的主要奠基人，天體演化學的創立者之一，分析概率論的創始人，應用數學的先軀。拉普拉斯用數學方法證明了行星的軌道大小有週期性變化，這就是著名拉普拉斯的定理。他發表的天文學、數學和物理學的論文有 270 多篇，專著合計有 4000 多頁。其中最有代表性的專著有《天體力學》、《宇宙體系論》和《概率分析理論》。1796 年，他發表《宇宙體系論》。因研究太陽系穩定性的動力學問題被譽爲法國的牛頓和天體力學之父。

1.〔何謂拉氏轉換〕拉普拉斯轉換（Laplace Transforms）簡稱為拉氏轉換，它是將在時間 (t) 域下的函數（$f(t)$），轉換成在 s 域（複數頻率）下的函數（$F(s)$）。

2.〔拉氏轉換的表示法〕拉氏轉換的符號表示法：在「時間域」下的函數，習慣用小寫英文字母，如 $f(t)$、$g(t)$ 等，轉換成在「s 域」下的相對應值，習慣用大寫英文字母，如 $F(s)$、$G(s)$ 等。

3.〔拉氏轉換的時間範圍〕拉氏轉換是處理時間 $t \geq 0$ 的情況，不考慮 $t < 0$ 的部分。

4.〔拉氏轉換的目的〕拉氏轉換是一個很有用的工具，因有些應用在 s 域下會比較好處理，如圖一中，一般在解電路時，會利用：

(1) 柯西荷夫電壓定律（KVL）或柯西荷夫電流定律（KCL）列出 $i(t)$ 或 $v(t)$ 的微分方程式；

(2) 再利用解微分方程式的方法將 $i(t)$ 或 $v(t)$ 解出來。

也可以用

(3) 將 (1) 列出 $i(t)$ 或 $v(t)$ 的微分方程式取拉氏轉換，就會變成 $I(s)$ 或 $V(s)$ 的方程式；

(4) 此時只要利用加、減、乘、除的運算，就可以把 $I(s)$ 或 $V(s)$ 解出來；

(5) 再將 $I(s)$ 或 $V(s)$ 取反拉氏轉換，就可以將 $i(t)$ 或 $v(t)$ 解出來。

後面的方法（步驟 (3)、(4)、(5)）雖然步驟比較多，但方法會比較簡單。

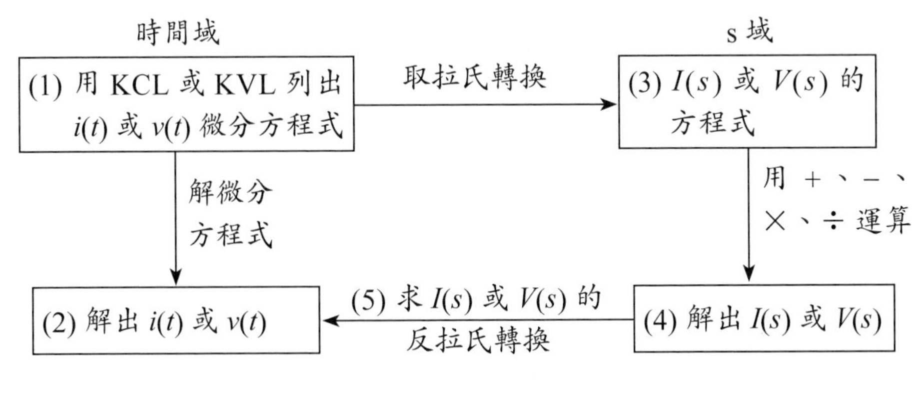
時間域
s 域
(1) 用 KCL 或 KVL 列出 $i(t)$ 或 $v(t)$ 微分方程式
取拉氏轉換
(3) $I(s)$ 或 $V(s)$ 的方程式
解微分方程式
用 +、−、×、÷ 運算
(2) 解出 $i(t)$ 或 $v(t)$
(5) 求 $I(s)$ 或 $V(s)$ 的反拉氏轉換
(4) 解出 $I(s)$ 或 $V(s)$

圖一　二種解電路的方法

第 1 章　拉普拉斯轉換

1.1　拉氏轉換的定義

• 第一式：拉氏轉換的定義

■定義：設 $f(t)$ 爲 t 之函數，$t > 0$，則 $f(t)$ 的拉氏轉換以 $L[f(t)]$ 表示。其爲

$$L\left[f(t)\right]=\int_0^\infty e^{-st}\cdot f(t)\,dt \quad = F(s)\ (s>0)$$

■利用上面的定義可以推導出下列的公式（其中 $s>0$）：

(1) $L[1]=\dfrac{1}{s}$

(2) $L[t]=\dfrac{1}{s^2}$

(3) $L[t^n]=\dfrac{n!}{s^{n+1}}$

(4) $L[e^{at}]=\dfrac{1}{s-a}$ $(s>a)$

(5) $L[\cos(wt)]=\dfrac{s}{s^2+w^2}$

(6) $L[\sin(wt)]=\dfrac{w}{s^2+w^2}$

(7) $L[\delta(t)]=1$，$\delta(t)=\begin{cases}\lim\limits_{\varepsilon\to 0}\dfrac{1}{\varepsilon}, & \text{當 } 0<t<\varepsilon \text{ 時}\\ 0, & \text{當 } t \text{ 不在上面區間內時}\end{cases}$

(8) $L[\cosh(wt)]=L\left[\dfrac{e^{wt}+e^{-wt}}{2}\right]=\dfrac{s}{s^2-w^2}$，$s>|w|$

(9) $L[\sinh(wt)]=L\left[\dfrac{e^{wt}-e^{-wt}}{2}\right]=\dfrac{w}{s^2-w^2}$，$s>|w|$

例 1　設 $t \geq 0$，且 $f(t)=1$，求 $L[f(t)]$。

解　$L\left[f(t)\right]=\int_0^\infty 1\cdot e^{-st}dt=\lim\limits_{b\to\infty}(-\frac{1}{s})\cdot e^{-st}\Big|_{t=0}^{b}=\frac{1}{s}$ ，$s>0$

例 2　設 $f(t)=t$，求 $L[f(t)]$。

解　$L[f(t)]=\int_0^\infty t\cdot e^{-st}dt=\lim\limits_{b\to\infty}\int_0^b t\cdot e^{-st}dt$

$$=\lim_{b\to\infty}\left[t\cdot\frac{-e^{-st}}{s}\Big|_{t=0}^{b}+\int_0^b\frac{e^{-st}}{s}dt\right]\text{（分部積分）}$$

$$=\lim_{b\to\infty}\left[t\cdot\frac{-e^{-st}}{s}-\frac{e^{-st}}{s^2}\right]_{t=0}^{b}$$

$$=\lim_{b\to\infty}\left[\frac{-be^{-sb}}{s}-\frac{e^{-sb}}{s^2}+\frac{1}{s^2}\right]$$

$$=\frac{1}{s^2},\ s>0$$

例 3　設 $f(t)=\begin{cases}5, & 0<t<3\\ 0, & t>3\end{cases}$，求 $L[f(t)]$。

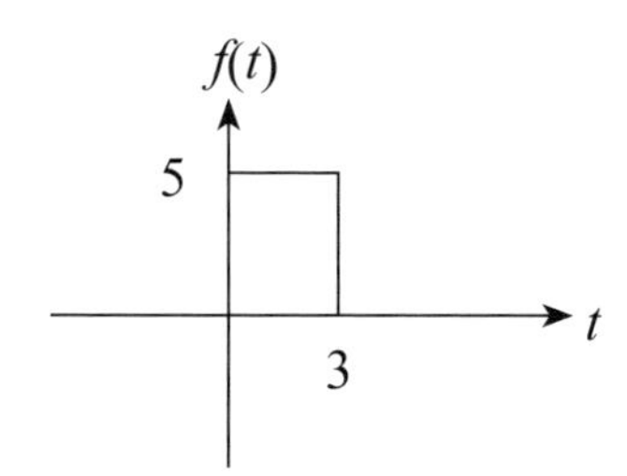

解　因它沒辦法代公式，所以用定義來做：

$$L\left[f(t)\right]=\int_0^\infty f(t)\cdot e^{-st}dt=\int_0^3 5e^{-st}dt+\int_3^\infty 0\cdot e^{-st}dt$$

$$=\int_0^3 5e^{-st}\frac{d(-st)}{-s}$$

$$=\frac{5}{-s}e^{-st}\Big|_{t=0}^{3}=\frac{5(1-e^{-3s})}{s}$$

例 4 設 $f(t)=e^{at}$，$t\geq 0$，求 $L[f(t)]$。

解 $L[f(t)]=\int_0^\infty e^{at}\cdot e^{-st}dt=\lim\limits_{b\to\infty}\int_0^b e^{-(s-a)t}dt$

$$=\lim_{b\to\infty}\frac{e^{-(s-a)t}}{-(s-a)}\bigg|_{t=0}^{b}=\lim_{b\to\infty}\frac{1-e^{-(s-a)b}}{s-a}$$

$$=\frac{1}{s-a}\text{ , }s>a$$

例 5 設 $f(t)=\sin(wt)$，求 $L[f(t)]$。

解 $L[f(t)]=\int_0^\infty e^{-st}\cdot\sin(wt)\,dt$（用分部積分法）

$$=-\frac{1}{s}e^{-st}\sin(wt)\bigg|_{t=0}^{\infty}+\int_0^\infty\frac{1}{s}e^{-st}\cdot w\cos(wt)\cdot dt$$

$$=0+\int_0^\infty\frac{1}{s}e^{-st}\cdot w\cos(wt)\cdot dt\text{ ----------(a)}$$

$\int_0^\infty\frac{1}{s}e^{-st}\cdot w\cos(wt)\cdot dt$（用分部積分法）

$$=-\frac{w}{s^2}e^{-st}\cdot\cos wt\bigg|_{t=0}^{\infty}-\frac{w^2}{s^2}\int_0^\infty e^{-st}\sin wt\,dt$$

$$=\frac{w}{s^2}-\frac{w^2}{s^2}\int_0^\infty e^{-st}\sin wt\,dt\text{（代入 (a)）}$$

$$\Rightarrow(1+\frac{w^2}{s^2})\int_0^\infty e^{-st}\sin wt\cdot dt=\frac{w}{s^2}$$

$$\Rightarrow\int_0^\infty e^{-st}\sin wt\,dt=\frac{w}{s^2+w^2}$$

例 6 設 $f(t)=\begin{cases}1\text{ , }0<t<1\\2\text{ , }1<t<2\\3\text{ , }2<t<3\\0\text{ , }t>3\end{cases}$，求 $L[f(t)]=$?

解 $L[f(t)]=\int\limits_0^\infty e^{-st}f(t)dt$

$$=\int_0^1 e^{-st}\cdot 1dt+\int_1^2 e^{-st}\cdot 2dt+\int_2^3 e^{-st}\cdot 3dt+\int_3^\infty e^{-st}\cdot 0dt$$

$$=1\cdot\frac{1}{-s}e^{-st}\Big|_0^1+2\cdot\frac{1}{-s}e^{-st}\Big|_1^2+3\cdot\frac{1}{-s}e^{-st}\Big|_2^3+0$$

$$=\frac{1}{-s}\left[(e^{-s}-1)+2(e^{-2s}-e^{-s})+3(e^{-3s}-e^{-2s})\right]$$

$$=\frac{1}{-s}\left[-1-e^{-s}-e^{-2s}+3e^{-3s}\right]$$

$$=\frac{1}{s}\left[1+e^{-s}+e^{-2s}-3e^{-3s}\right]$$

例 7　(1) 求 $L[\delta(t)]=$ ？；(2) 求 $L[\delta(t-1)]=$ ？

解　(1) $L[\delta(t)]=\int_0^\infty e^{-st}\delta(t)dt=\lim_{\varepsilon\to 0}\int_0^\varepsilon e^{-st}\cdot\frac{1}{\varepsilon}dt$

$$=\lim_{\varepsilon\to 0}\int_0^\varepsilon e^0\cdot\frac{1}{\varepsilon}dt=1$$

〔註：t 在 $0\sim\varepsilon$ 之間 $\delta(t)$ 為 $\frac{1}{\varepsilon}$，其餘地方為 0，所以 t 代 0〕

(2) $L[\delta(t-1)]=\int_0^\infty e^{-st}\delta(t-1)dt=\lim_{\varepsilon\to 0}\int_1^{1+\varepsilon} e^{-st}\cdot\frac{1}{\varepsilon}dt$

$$=\lim_{\varepsilon\to 0}\int_1^{1+\varepsilon} e^{-s\cdot 1}\cdot\frac{1}{\varepsilon}dt=e^{-s}$$

〔註：t 在 $1\sim 1+\varepsilon$ 之間 $\delta(t)$ 為 $\frac{1}{\varepsilon}$，其餘地方為 0，所以 t 代 1〕

習題 1：求下列題目 $f(t)$ 的拉氏轉換：

(1) 設 $f(t)=\begin{cases}0, & 0<t<2\\ 4, & t>2\end{cases}$。

解 $\dfrac{4e^{-2s}}{s}$

(2) 設 $f(t)=\begin{cases}2t, & 0<t<5\\ 1, & t>5\end{cases}$。

解 $\dfrac{2}{s^2}(1-e^{-5s})-\dfrac{9}{s}e^{-5s}$

(3) 設 $f(t)=\sin(3t)$。

解 $\dfrac{3}{s^2+9}$

(4) 設 $f(t)=\cos(5t)$。

解 $\dfrac{s}{s^2+25}$

(5) 設 $f(t)=e^{2t}$。

解 $\dfrac{1}{s-2}$

(6) 設 $f(t)=t^3$。

解 $\dfrac{6}{s^4}$

(7) 設 $f(t)=\sin h(3t)$。

解 $\dfrac{3}{s^2-9}$

(8) 設 $f(t)=\cosh(5t)$。

解 $\dfrac{s}{s^2-25}$

1.2　線性性質

• **第二式：線性性質**

■若函數 $f(t)$ 及 $g(t)$ 的拉氏轉換分別爲 $F(s)$ 及 $G(s)$，且 a、b 爲常數，則

$$L[af(t)+bg(t)]=aF(s)+bG(s)$$

（即：相加後再取拉氏轉換的結果等於取完拉氏轉換後再相加）

■**證明：**

$$L[af(t)+bg(t)]=\int_0^\infty e^{-st}[af(t)+bg(t)]dt$$
$$=a\int_0^\infty e^{-st}f(t)dt+b\int_0^\infty e^{-st}g(t)dt$$
$$=aF(s)+bG(s)$$

例 1　設 $f(t)=2+3t+4t^2-3\cos 2t$，求 $L[f(t)]$。

解
$$L[f(t)]=L[2+3t+4t^2-3\cos 2t]$$
$$=2\cdot L[1]+3\cdot L[t]+4\cdot L[t^2]-3\cdot L[\cos(2t)]$$
$$=2\cdot\frac{1}{s}+3\cdot\frac{1}{s^2}+4\cdot\frac{2!}{s^3}-3\cdot\frac{s}{s^2+4}$$
$$=\frac{2}{s}+\frac{3}{s^2}+\frac{8}{s^3}-\frac{3s}{s^2+4}\quad(s>0)$$

例 2　設 $f(t)=\delta(t)+3+4e^{5t}+6t^3-3\sin 4t+2\cos 2t$，求 $L[f(t)]$。

解 $L[f(t)] = L[\delta(t) + 3 + 4e^{5t} + 6t^3 - 3\sin 4t + 2\cos 2t]$

$$= L[\delta(t)] + 3L[1] + 4L\left[e^{5t}\right] + 6L\left[t^3\right] - 3L\left[\sin 4t\right] + 2L\left[\cos 2t\right]$$

$$= 1 + 3\cdot\frac{1}{s} + 4\cdot\left(\frac{1}{s-5}\right) + 6\cdot\frac{3!}{s^4} - 3\cdot\left(\frac{4}{s^2+16}\right) + 2\cdot\left(\frac{s}{s^2+4}\right)$$

$$= 1 + \frac{3}{s} + \frac{4}{s-5} + \frac{36}{s^4} - \frac{12}{s^2+16} + \frac{2s}{s^2+4} \quad (s > 5)$$

例 3 已知 $\sinh(wt) = \dfrac{e^{wt} - e^{-wt}}{2}$，求 $L[\sinh(wt)]$。

解 $L(\sinh(wt)) = L\left[\dfrac{e^{wt} - e^{-wt}}{2}\right] = \dfrac{1}{2}L\left[e^{wt} - e^{-wt}\right]$

$$= \frac{1}{2}\left[L\left(e^{wt}\right) - L\left(e^{-wt}\right)\right]$$

$$= \frac{1}{2}\left[\frac{1}{s-w} - \frac{1}{s+w}\right]$$

$$= \frac{w}{s^2 - w^2} \quad (s > w)$$

例 4 設 $f(t) = 2\sin 3t - 3\cos 4t + 4\sinh 5t - 5\cosh 6t$，求 $L[f(t)]$。

解 $L[f(t)] = 2L[\sin 3t] - 3L[\cos 4t] + 4L[\sinh 5t] - 5L[\cosh 6t]$

$$= \frac{6}{s^2+9} - \frac{3s}{s^2+16} + \frac{20}{s^2-25} - \frac{5s}{s^2-36}, \quad s > 6$$

習題 2：求下列各題的拉氏轉換，其中 a、b、θ 均爲常數。

(1) $at + b$。

解 $\dfrac{a}{s^2} + \dfrac{b}{s}$

(2) $(a+bt)^2$。

解 $\frac{2b^2}{s^3}+\frac{2ab}{s^2}+\frac{a^2}{s}$

(3) e^{at+b}。

解 $\frac{e^b}{s-a}$

(4) $6\sin 2t-5\cos 3t$。

解 $\frac{12}{s^2+4}-\frac{5s}{s^2+9}$

(5) $3\sin(2t+60°)$。

解 $\frac{3}{(s^2+4)}+\frac{3\sqrt{3}s}{2(s^2+4)}$

(6) $\sin^2 t$。（註：$\cos(2t)=2\cos^2(t)-1=1-2\sin^2(t)$）

解 $\frac{1}{2s}-\frac{s}{2(s^2+4)}$

(7) $\cos^2(2t)$。（註：$\cos(4t)=2\cos^2(2t)-1$）

解 $\frac{1}{2s}+\frac{s}{2(s^2+16)}$

(8) $\delta(t)+2+4e^{5t}+6t^3-3\sin(4t)+2\cos(2t)$

$-4\sinh(2t)+2\cosh(3t)$。

解 $1+\frac{2}{s}+\frac{4}{s-5}+\frac{36}{s^4}-\frac{12}{s^2+16}+\frac{2s}{s^2+4}$

$-\frac{8}{s^2-4}+\frac{2s}{s^2-9}$

1.3 第一移位性質：s 軸的移位

• 第三式：第一移位性質：s 軸的移位

■設 $L[f(t)]=F(s)$，則 $L[e^{at}f(t)]=F(s-a)$（此處 $s>a$）。

■證明：$L\left[e^{at}f(t)\right]=\int_0^\infty e^{-st}\left[e^{at}f(t)\right]dt=\int_0^\infty e^{-(s-a)t}f(t)dt=F(s-a)$（此處 $s>a$）。

■說明：若要求 $L[e^{at}f(t)]$ 時（二個函數相乘有一個是 e^{at}），我們可以

(1) 先求出 $L[f(t)]=F(s)$，

(2) 則 e^{at} 乘上 $f(t)$ 的拉氏轉換是將 (1) 的 $F(s)$ 中的 s 改成 $(s-a)$ 即可，

(3) 即 $L[e^{at}f(t)]=F(s-a)$。

例 1 設 $f(t)=e^{-t}\cos(2t)$，求 $L[f(t)]$。

解 (1) 先求 $L[\cos 2t]=\dfrac{s}{s^2+4}$

(2) 再將 e^{-t} 加入（此題 $a=-1$），則 (1) 的 s 要改成 $s-(-1)=s+1$，即 $L[e^{-t}\cos 2t]=\dfrac{(s+1)}{(s+1)^2+4}$

例 2 求 $L[e^{-2t}\sin 5t]$。

解 (1) 先求 $L[\sin 5t]=\dfrac{5}{s^2+5^2}$

(2) 再將 e^{-2t} 加入（此題 $a=-2$），s 要改成 $s-(-2)=s+2$，即 $L[e^{-2t}\sin 5t]=\dfrac{5}{(s+2)^2+25}$

例 3 求 $L[e^{3t}t^2]$。

解 (1) 先求 $L\left[t^2\right]=\frac{2!}{s^{2+1}}=\frac{2}{s^3}$

(2) 再加入 e^{3t}，s 要改成 $s-3$，即

$$L\left[e^{3t}t^2\right]=\frac{2}{(s-3)^3}$$

習題 3：求下列函數的拉氏轉換：

(1) $2te^t$。

解 $\frac{2}{(s-1)^2}$

(2) $e^{-t}\cos 2t$。

解 $\frac{(s+1)}{(s+1)^2+4}$

(3) $e^{-2t}t^2$。

解 $\frac{2}{(s+2)^3}$

(4) $e^{-t}\sin(wt+\theta)$。

解 $\frac{w\cdot\cos\theta}{(s+1)^2+w^2}+\frac{(s+1)\cdot\sin\theta}{(s+1)^2+w^2}$

(5) $e^{-2t}(3\cos(6t)-5\sin(6t))$。

解 $3\left(\frac{s+2}{(s+2)^2+36}\right)-5\left(\frac{6}{(s+2)^2+36}\right)$

1.4 微分的拉氏轉換

• 第四式：微分的拉氏轉換

■設 $f(t)$ 在 $t>0$ 爲連續函數，且 $f'(t)$、$f''(t)$、$f'''(t)$ 存在，則

$L[f'(t)] = sF(s) - f(0)$（求一次微分的拉氏轉換）

$L[f''(t)] = s^2F(s) - sf(0) - f'(0)$（求二次微分的拉氏轉換）

$L[f'''(t)] = s^3F(s) - s^2f(0) - sf'(0) - f''(0)$

■證明：$L\left[f'(t)\right] = \int_0^\infty e^{-st} f'(t)dt$

$= e^{-st} f(t) \Big|_0^\infty + s\int_0^\infty e^{-st} f(t)dt$（分部積分）

$= sF(s) - f(0)$

■說明：(1) 若直接求 $L[f(t)]$ 不好算時，可先求 $f(t)$ 微分後的拉氏轉換值，即先求 $L[f'(t)]$；

則由上面微分公式知：

$L[f(t)] = F(s)$ 值就是 $\dfrac{L\left[f'(t)\right] + f(0)}{s}$

(2) 要求微分的拉氏轉換（$L[f'(t)]$）時，可用下列二方法之一種來求：

方法一：

(a) 先求出沒有微分的拉氏轉換，即 $L[f(t)] = F(s)$。

(b) 再求出 $f(t)\big|_{t=0} = f(0)$ 之值。

(c) 則 $L[f'(t)] = sF(s) - f(0)$。

方法二：

(a) 先求出 $f(t)$ 的微分 $f'(t)$。

(b) 再求出 $f'(t)$ 的拉氏轉換。

（註：在往後的應用中，只使用到方法一來解題）

例 1 若 $f(t)=\sin(t)$，求 (1)$L[f'(t)]$，(2)$L[f''(t)]$。

解 (1) 求 $L[f'(t)]$

方法一：

(a) 先求出 $L[f(t)]=L[\sin t]=\dfrac{1}{s^2+1}=F(s)$

(b) 再求出 $f(0)=f(t)\,|_{t=0}=\sin(0)=0$

(c) $L\big[f'(t)\big]=sF(s)-f(0)=s\dfrac{1}{s^2+1}-0=\dfrac{s}{s^2+1}$

方法二：

(a) 先求出 $f(t)$ 的微分 $f'(t)=\dfrac{d}{dt}\sin t=\cos t$

(b) 再求出 $f'(t)$ 的拉氏轉換$=L[\cos t]=\dfrac{s}{s^2+1}$

(2) 求 $L[f''(t)]$

方法一：

(a) $L\big[f(t)\big]=L[\sin t]=\dfrac{1}{s^2+1}=F(s)$

(b) $f(0)=f(t)|_{t=0}=\sin(0)=0$

(c) $f'(0)=f'(t)|_{t=0}=\cos(0)=1$

(d) $L\big[f''(t)\big]=s^2F(s)-sf(0)-f'(0)$

$$=s^2\frac{1}{s^2+1}-s\cdot 0-1=\frac{-1}{s^2+1}$$

方法二：

(a) $f''(t)=\dfrac{d^2}{dt^2}\sin t=-\sin t$

(b) $f''(t)$ 的拉氏轉換$=L[-\sin t]=\dfrac{-1}{s^2+1}$

例 2 求 $L[\sin^2 t]$ 之值。

解

方法一：

(a) $\sin^2 t=\dfrac{1-\cos 2t}{2}$

(b) 再求 $L\left[\dfrac{1-\cos 2t}{2}\right]=\dfrac{1}{2}\left[L(1)-L(\cos 2t)\right]$

$$=\frac{1}{2}\left[\frac{1}{s}-\frac{s}{s^2+4}\right]$$

$$=\frac{2}{s(s^2+4)}$$

方法二：

用本節方式解之，令 $f(t)=\sin^2 t$

$\Rightarrow f'(t)=2\sin t\cos t=\sin(2t)$，

而 $f(0)=0$

$L[f'(t)]=L[\sin 2t]=\dfrac{2}{s^2+2^2}=sF(s)-f(0)$

$\Rightarrow F(s)=\dfrac{2}{s(s^2+4)}$

例 3 已知 $f'(t)=\dfrac{\sin t}{t}$ 且 $f(0)=-\dfrac{\pi}{2}$，求 $L[f(t)]$ 之值。（註：由第七式的例 1 知，$L\left[\dfrac{\sin t}{t}\right]=\dfrac{\pi}{2}-\tan^{-1}s$）

解　$L\left[f'(t)\right]=sF(s)-f(0)$

$$\Rightarrow \frac{\pi}{2}-\tan^{-1}s=sF(s)+\frac{\pi}{2}$$

$$\Rightarrow F(s)=-\frac{\tan^{-1}s}{s}$$

習題 4：求下列函數的拉氏轉換：

(1) $f(t)=\cos(t)$，求 (a)$L[f'(t)]$；(b)$L[f''(t)]$。

解　(a) $\dfrac{-1}{s^2+1}$；(b) $\dfrac{-s}{s^2+1}$

(2) 已知 $f'(t)=\dfrac{\sin ht}{t}$ 且 $f(0)=\dfrac{\pi}{2}$，求 $L[f(t)]$ 之值。（註：由第七式的例 2 知，$L\left[\dfrac{\sin h\,t}{t}\right]=-\dfrac{1}{2}\ln\dfrac{s-1}{s+1}$）

解　$\dfrac{1}{2s}\left(\pi-\ln\dfrac{s-1}{s+1}\right)$

1.5 積分的拉氏轉換

• **第五式：積分的拉氏轉換**

■若 $L[f(t)]=F(s)$，則 $L\left[\int_0^t f(u)du\right]=\dfrac{F(s)}{s}$（註：積分的上下限是從 0 積到 t）

■**證明**：$L\left[\int_0^t f(u)du\right]=\int_0^\infty e^{-st}[\int_0^t f(u)du]dt$

$$=-\frac{1}{s}e^{-st}[\int_0^t f(u)du]|_0^\infty$$

$$+\frac{1}{s}\int_0^\infty e^{-st}f(t)dt \text{（分部積分）}$$

$$=\frac{F(s)}{s}$$

■**說明**：若要求一個函數的積分的拉氏轉換時，

(1) 可先求該函數的拉氏轉換 $L[f(t)]=F(s)$，

(2) $f(t)$ 加入積分符號時，只要將 (1) 的結果 $F(s)$ 除以 s 即可。

（註：也可以先求出積分後，再求其拉氏轉換）

例 1 求 $L\left[\int_0^t \cos(2u)\,du\right]$。

解 (1) 先求 $L[\cos(2t)]=\dfrac{s}{s^2+2^2}$，$s>0$

(2) 加入積分符號，(1) 的結果多除以 s

$$\Rightarrow L\left[\int_0^t \cos(2u)du\right]=\frac{1}{s}\cdot\frac{s}{s^2+2^2}=\frac{1}{s^2+4}$$

例 2 求 $L\left[\int_0^t \sin 3t\,dt\right]$。

解 (1) 先求 $L[\sin 3t] = \dfrac{3}{s^2+3^2}$

(2) 再加入積分符號，(1) 的結果多除以 s

$$\Rightarrow L\left[\int_0^t \sin 3t\,dt\right] = \frac{1}{s}\cdot\frac{3}{s^2+3^2}$$

$$= \frac{3}{s(s^2+9)}$$

例 3 求 $L\left[\int_0^t (5+2t+6e^{-3t})\,dt\right]$。

解 (1) 先求 $L\left[5+2t+6e^{-3t}\right] = \dfrac{5}{s}+\dfrac{2}{s^2}+\dfrac{6}{s+3}$

(2) 加入積分符號 $\Rightarrow L\left[\int_0^t (5+2t+6e^{-3t})\,dt\right]$

$$= \frac{1}{s}\left[\frac{5}{s}+\frac{2}{s^2}+\frac{6}{s+3}\right]$$

$$= \frac{5}{s^2}+\frac{2}{s^3}+\frac{6}{s(s+3)}$$

例 4 求 $L[\int_0^t e^{2t}\sin 3tdt] = ?$

解 (1) 先求 $L[e^{2t}\sin 3t]$

(a) $L[\sin 3t] = \dfrac{3}{s^2+9}$

(b) 加入 e^{2t}，只要將上面的 s 改成 $s-2$，即

$$L[e^{2t}\sin 3t] = \frac{3}{(s-2)^2+9}$$

(2) 加入積分，只要將上面多除以 s，即

$$L[\int_0^t e^{2t}\sin 3t dt]=\frac{1}{s}\cdot\frac{3}{(s-2)^2+9}$$

例 5 求 $L[\int_\pi^t \sin t dt]=?$

解 (1) $\int_0^t \sin t dt=\int_0^\pi \sin t dt+\int_\pi^t \sin t dt$

(2) 二邊取拉氏

$$\Rightarrow L[\int_0^t \sin t dt]=L[\int_0^\pi \sin t dt]+L[\int_\pi^t \sin t dt]$$

$$\Rightarrow L[\int_\pi^t \sin t dt]=L[\int_0^t \sin t dt]-L[\int_0^\pi \sin t dt]$$

$$=\frac{1}{s}\frac{1}{s^2+1}-L[-\cos t|_0^\pi]$$

$$=\frac{1}{s(s^2+1)}+L[-1-1]$$

$$=\frac{1}{s(s^2+1)}+\frac{-2}{s}=\frac{-2s^2-1}{s(s^2+1)}$$

習題 5：求下列函數的拉氏轉換：

(1) 求 $L\left[\int_0^t \cos 4t\, dt\right]$。

解 $\frac{1}{s^2+16}$

(2) 求 $L\left[\int_0^t (3+2e^{-2t}-3\sin 2t+4\cos 3t)\, dt\right]$。

解 $\frac{1}{s}\left[\frac{3}{s}+\frac{2}{s+2}-\frac{6}{s^2+4}+\frac{4s}{s^2+9}\right]$

1.6 拉氏轉換的微分

• **第六式：拉氏轉換的微分（或乘以 t^n 的拉氏轉換）**

■若 $L[f(t)]=F(s)$，則

$$\begin{cases} \dfrac{d}{ds}F(s)=(-1)L\left[t\cdot f(t)\right]\Rightarrow L\left[t\cdot f(t)\right]=-\dfrac{d}{ds}F(s) \\ \dfrac{d^2}{ds^2}F(s)=(-1)^2L\left[t^2f(t)\right]\Rightarrow L\left[t^2f(t)\right]=(-1)^2\dfrac{d^2}{ds^2}F(s) \\ \dfrac{d^n}{ds^n}F(s)=(-1)^nL\left[t^nf(t)\right]\Rightarrow L\left[t^nf(t)\right]=(-1)^n\dfrac{d^n}{ds^n}F(s) \end{cases}$$

■**證明**：

$$\begin{aligned} \frac{d}{ds}F(s) &= \frac{d}{ds}\int_0^\infty e^{-st}f(t)dt \\ &= \int_0^\infty \frac{d}{ds}e^{-st}f(t)dt \\ &= \int_0^\infty -te^{-st}f(t)dt \\ &= -\int_0^\infty e^{-st}t\cdot f(t)dt \\ &= -L[tf(t)] \end{aligned}$$

■**說明**：(1) 若要求 $L[t\,f(t)]$(二個函數相乘有一個是 t) 時，

(a) 可先求 $L[f(t)]=F(s)$，

(b) 則 $L[t\,f(t)]$ 是將 $F(s)$ 對 s 微分，再乘以 (-1) 的結果。

(2) 若要求 $L[t^2 f(t)]$（二個函數相乘有一個是 t^2）時，

(a) 可先求 $L[f(t)]=F(s)$，

(b) 則 $L[t^2 f(t)]$ 是將 $F(s)$ 對 s 二次微分，再乘以 $(-1)^2$ 的結果。

例 1 求 $L[t\cos t]$ 之值。

解 (1) 先求 $L[\cos t]=\dfrac{s}{s^2+1}=F(s)$

(2) $\dfrac{d}{ds}F(s)=\dfrac{d}{ds}\left[\dfrac{s}{s^2+1}\right]=\dfrac{(s^2+1)-s\cdot 2s}{(s^2+1)^2}=\dfrac{-(s^2-1)}{(s^2+1)^2}$

(3) 所以 $L[\,t\cos t\,]=-\dfrac{d}{ds}F(s)=\dfrac{s^2-1}{(s^2+1)^2}$

例 2 求 $L[t^2 e^{2t}]$。

做法 本題可用第三式或第六式解，此處用第六式解

解 (1) 先求 $L[e^{2t}]=\dfrac{1}{s-2}=F(s)$

(2) $\dfrac{d^2}{ds^2}F(s)=\dfrac{d}{ds}\left[\dfrac{d}{ds}\left[\dfrac{1}{s-2}\right]\right]=\dfrac{d}{ds}\left[\dfrac{d}{ds}(s-2)^{-1}\right]$

$$=-\frac{d}{ds}(s-2)^{-2}=2(s-2)^{-3}$$

(3) 所以 $L[\,t^2 e^{2t}\,]=\dfrac{d^2}{ds^2}F(s)=\dfrac{2}{(s-2)^3}$

例 3 求 $L[t^2\sin t]$。

解 (1) 先求 $L[\sin t\,]=\dfrac{1}{s^2+1}$

(2) $\dfrac{d^2}{ds^2}F(s)=\dfrac{d^2}{ds^2}\left(\dfrac{1}{s^2+1}\right)$

$$=\frac{d}{ds}\left[\frac{d}{ds}(s^2+1)^{-1}\right]$$

$$=\frac{d}{ds}\left[-2s(s^2+1)^{-2}\right]$$

$$= -2\left(s^2+1\right)^{-2} + 4s\left(s^2+1\right)^{-3} \cdot 2s$$

$$= \frac{6s^2-2}{\left(s^2+1\right)^3}$$

(3) 所以 $L\left[\,t^2 \sin t\,\right] = \frac{d^2}{ds^2}F(s) = \frac{6s^2-2}{\left(s^2+1\right)^3}$

例 4　求 $L[t \cdot e^{-t} \cos t]$ 之值（註：此題是第十式例6的拉氏轉換）

做法　此題有二種做法：

方法一：(1) 先做 $L[\cos t]$；

(2) 再加入 t，即做 $L[t \cdot \cos t]$；

(3) 最後加入 e^{-t}，即做 $L[e^{-t} \cdot t \cdot \cos t]$

方法二：(1) 先做 $L[\cos t]$；

(2) 再加入 e^{-t}，即做 $L[e^{-t} \cdot \cos t]$；

(3) 最後加入 t，即做 $L[t \cdot e^{-t} \cos t]$

解　方法一：(1) 先做 $L\left[\cos t\right] = \frac{s}{s^2+1}$；

(2) 再加入 t，$L\left[t \cdot \cos t\right] = \frac{s^2-1}{(s^2+1)^2}$；（同本節例 1）

(3) 最後加入 e^{-t}，

$$L\left[e^{-t} \cdot t \cdot \cos t\right] = \frac{(s+1)^2-1}{[(s+1)^2+1]^2} = \frac{s^2+2s}{[(s+1)^2+1]^2}$$

方法二：

(1) 先做 $L\left[\cos t\right] = \frac{s}{s^2+1}$；

(2) 再加入 e^{-t}，即做 $L\left[e^{-t} \cos t\right] = \frac{s+1}{(s+1)^2+1}$；

(3) 最後加入 t，

$$L\left[t\cdot e^{-t}\cos t\right]=-\frac{d}{ds}\frac{s+1}{(s+1)^2+1}$$

$$=-\frac{(s+1)^2+1-(s+1)\cdot 2(s+1)}{[(s+1)^2+1]^2}$$

$$=\frac{s^2+2s}{[(s+1)^2+1]^2}$$

習題 6：求下列函數的拉氏轉換：

(1) $L\left[\,t^2\ e^{-3t}\,\right]$。

解 $\dfrac{2}{(s+3)^3}$

(2) $L[t\sin 2t]$。

解 $\dfrac{4s}{(s^2+4)^2}$

(3) $L[t^2\cos 2t]$。

解 $\dfrac{2s^3-24s}{(s^2+4)^3}$

(4) $L[(t^2-3t+2)\sin 3t]$。

解 $\dfrac{18s^2-54}{(s^2+9)^3}-\dfrac{18s}{(s^2+9)^2}+\dfrac{6}{s^2+9}$

(5) $L[(t\cos t-t\sin t)\,e^{2t}]$（比較第十式習題 (12)）

解 $\dfrac{s^2-6s+7}{(s^2-4s+5)^2}$

(6) $L[\,\dfrac{1}{2}\,t\cos t+\dfrac{1}{2}\sin t]$（比較第 11 式習題 (5)）

解 $\dfrac{s^2}{(s^2+1)^2}$

1.7　拉氏轉換的積分（或除以 t 的拉氏轉換）

- 第七式：拉氏轉換的積分（或除以 t 的拉氏轉換）

■若 $L[f(t)]=F(s)$，則 $L\left[\dfrac{f(t)}{t}\right]=\int_s^{\infty}F(u)du$

■證明：令 $g(t)=\dfrac{f(t)}{t}\Rightarrow f(t)=t\cdot g(t)$（兩邊取拉氏轉換）

$$\Rightarrow L[f(t)]=L[t\cdot g(t)]$$

$$\Rightarrow F(s)=-\frac{d}{ds}G(s)\text{（二邊積分）}$$

$$\Rightarrow \int_{\infty}^{s}F(u)du=-G(u)\big|_{\infty}^{s}=-G(s)+\lim_{u\to\infty}G(u)$$

因 $\lim_{u\to\infty}G(u)=0$（拉氏轉換的性質），所以

$$\Rightarrow \int_{\infty}^{s}F(u)du=-G(s)$$

$$\Rightarrow G(s)=-\int_{\infty}^{s}F(u)du=\int_{s}^{\infty}F(u)du$$

$$\Rightarrow L\left[\frac{f(t)}{t}\right]=\int_{s}^{\infty}F(u)du$$

■說明：若要求 $L\left[\dfrac{f(t)}{t}\right]$時（一個函數除以 t），

(a) 可先求 $L[f(t)]=F(s)$，

(b) 則 $f(t)$ 除以 t 的拉氏轉換，只要對 $F(s)$ 做積分即可。

例 1　求 $L\left[\dfrac{\sin t}{t}\right]$之值。

解　(1) 先求 $L[\sin t]=\dfrac{1}{s^2+1}$

(2) 除以 $t \Rightarrow L\left[\dfrac{\sin t}{t}\right] = \int_s^{\infty} \dfrac{1}{u^2+1}du = \tan^{-1}u\Big|_s^{\infty}$

$$= \tan^{-1}\infty - \tan^{-1}s$$

$$= \frac{\pi}{2} - \tan^{-1}s$$

例 2 求 $L\left[\dfrac{\sinh(t)}{t}\right]$之值。

解 (1) 先求 $L[\sinh(t)] = \dfrac{1}{s^2-1}$

(2) 除以 $t \Rightarrow L\left[\dfrac{\sinh(t)}{t}\right] = \int_s^{\infty} \dfrac{1}{u^2-1}du$

$$= \int_s^{\infty} \frac{\frac{1}{2}}{u-1} - \frac{\frac{1}{2}}{u+1}du$$

$$= \frac{1}{2}\ln\frac{u-1}{u+1}\Big|_s^{\infty}$$

$$= \frac{1}{2}\left(\ln\frac{1-\frac{1}{u}}{1+\frac{1}{u}}\right)_{u=\infty} - \frac{1}{2}\ln\frac{s-1}{s+1}$$

$$= -\frac{1}{2}\ln\frac{s-1}{s+1}$$

習題 7：求下列函數的拉氏轉換：

(1) $L\left[\dfrac{e^{-at}-e^{-bt}}{t}\right]$。

解 $\ln\dfrac{s+b}{s+a}$

(2) $L\left[\dfrac{\cos(at)-\cos(bt)}{t}\right]$。

解　$\dfrac{1}{2}\ln\dfrac{s^2+b^2}{s^2+a^2}$

(3) $L\left[\dfrac{e^{-t}\sin t}{t}\right]$。

解　$\dfrac{\pi}{2}-\tan^{-1}(s+1)$

(4) $L\left[\dfrac{1-\cos(2t)}{t}\right]$。

解　$\dfrac{1}{2}\ln\dfrac{s^2+4}{s^2}$

第 2 章　反拉氏轉換

2.1　反拉氏轉換

• 第八式：反拉氏轉換（Inverse Laplace Transforms）

■反拉氏轉換是拉氏轉換的相反運算，也就是若 $f(t)$ 的拉氏轉換是 $F(s)$（即 $L[f(t)]=F(s)$），則 $F(s)$ 的反拉氏轉換即爲 $f(t)$，記成 $L^{-1}[F(s)]=f(t)$。

■到目前爲止，求反拉氏轉換的方法有：

(1) 用「第一式」拉氏轉換的定義，直接代公式做轉換。即：

拉氏轉換	反拉氏轉換
(1) $L[1]=\frac{1}{s}$	$L^{-1}[\frac{1}{s}]=1$
(3) $L[t^n]=\frac{n!}{s^{n+1}}$	$L^{-1}[\frac{n!}{s^{n+1}}]=t^n$
(4) $L[e^{at}]=\frac{1}{s-a}$	$L^{-1}[\frac{1}{s-a}]=e^{at}$
(5) $L[\cos(wt)]=\frac{s}{s^2+w^2}$	$L^{-1}[\frac{s}{s^2+w^2}]=\cos(wt)$
(6) $L[\sin(wt)]=\frac{w}{s^2+w^2}$	$L^{-1}[\frac{w}{s^2+w^2}]=\sin(wt)$
(7) $L[\delta(t)]=1$	$L^{-1}[1]=\delta(t)$
(8) $L[\cosh(wt)]=\frac{s}{s^2-w^2}$	$L^{-1}[\frac{s}{s^2-w^2}]=\cosh(wt)$
(9) $L[\sinh(wt)]=\frac{w}{s^2-w^2}$	$L^{-1}[\frac{w}{s^2-w^2}]=\sinh(wt)$

註：要找一個函數的反拉氏轉換時，要先找分母相同後再找分子相同者

(2) 用「第二式」線性性質，

$$L[a f(t) + b\, g(t)] = a\, F(s) + bG(s)$$
$$\Rightarrow L^{-1}[a\, F(s) + b\, G(s)] = af(t) + bg(t)$$

(3) 用「第三式」第一移位性質，

$$L[e^{at} f(t)] = F(s-a) \Rightarrow L^{-1}[F(s-a)] = e^{at} f(t)$$

■其做法為：要求 $L^{-1}[F(s-a)]$ 時，

(a) 先把 $F(s-a)$ 的所有 $(s-a)$ 改成 s，即變成 $F(s)$，

(b) 再求出改成 s 的反拉氏轉換，即 $L^{-1}[F(s)] = f(t)$，

(c) 把 $F(s)$ 的所有 s 改回 $(s-a)$（我們的題目），只要將 (b) 的結果 $f(t)$ 再乘以 e^{at}。（見例 5）

(4) 用「第六式」拉氏轉換的微分，

$$L[tf(t)] = -\frac{d}{ds}F(s) \Rightarrow tf(t) = L^{-1}[-\frac{d}{ds}F(s)]$$

■其做法為：要求 $L^{-1}[F(s)]$ 時，

(a) 令 $L^{-1}[F(s)] = f(t)$

(b) 又公式 $tf(t) = L^{-1}[-\frac{d}{ds}F(s)]$，即

將 $F(s)$ 微分再乘以 (-1)，再取反拉氏可求得 $tf(t)$

(c) 最後再除以 t 可求得 $f(t)$（見例 8）

（註：如果將 $F(s)$ 微分後的反拉氏會比較好解，就用此法解）

(5) 用「第七式」拉氏轉換的積分，

$$\mathrm{L}\left[\frac{\mathrm{f(t)}}{\mathrm{t}}\right] = \int_s^{\infty} F(u)du \Rightarrow L^{-1}\left[\int_s^{\infty} F(u)du\right] = \frac{f(t)}{t}$$

■其做法為：要求 $L^{-1}\left[\int_s^{\infty} F(u)du\right]$ 時，

(a) 先求 $L^{-1}[F(s)] = f(t)$

(b) 加入積分符號，即 $L^{-1}\left[\int_s^{\infty} F(u)du\right]$，只要將 $f(t)$ 除以 t 即可

（註：也可以先求出積分後，再求其反拉氏轉換）

例 1 若 $F(s) = \dfrac{1}{s+3}$，求 $L^{-1}[F(s)]$。

做法　用「第一式」解，其中 $L\left[e^{at}\right] = \dfrac{1}{s-a}$，

解　$F(s) = \dfrac{1}{s-(-3)}$，

$$\Rightarrow L^{-1}\left[\frac{1}{s+3}\right] = L^{-1}\left[\frac{1}{s-(-3)}\right] = e^{-3t}$$

例 2 若 $F(s) = \dfrac{5s}{s^2+3}$，求 $L^{-1}[F(s)]$。

做法　用「第一式」，其中 $L[\cos wt] = \dfrac{s}{s^2+w^2}$，

解　$F(s) = \dfrac{5s}{s^2+3} = 5 \cdot \dfrac{s}{s^2+\left(\sqrt{3}\right)^2}$

$$\Rightarrow L^{-1}\left[\frac{5s}{s^2+3}\right] = 5 \cdot L^{-1}\left[\frac{s}{s^2+\left(\sqrt{3}\right)^2}\right] = 5\cos\left(\sqrt{3}\,t\right)$$

例 3 若 $F(s) = \dfrac{5}{s^4}$，求 $L^{-1}[F(s)]$。

做法　用「第一式」，其中 $L\left[t^n\right] = \dfrac{n!}{s^{n+1}}$，

解　$F(s) = \dfrac{5}{s^4} = 5 \cdot \dfrac{\frac{1}{3!} \cdot 3!}{s^{3+1}} = \dfrac{5}{3!} \cdot \dfrac{3!}{s^{3+1}}$

$$\Rightarrow L^{-1}\left[\frac{5}{s^4}\right]=\frac{5}{3!}\cdot L^{-1}\left[\frac{3!}{s^{3+1}}\right]=\frac{5}{6}t^3$$

例 4 若 $F(s)=1+\dfrac{3}{s^3}+\dfrac{1}{s-2}+\dfrac{3}{s^2+4}-\dfrac{3s}{s^2+16}+\dfrac{2s}{s^2-9}$，

求 $L^{-1}[F(s)]$。

(做法) 用「第一式」和「第二式」來解

(解) $L^{-1}[F(s)]=L^{-1}\left[1+\dfrac{3}{s^3}+\dfrac{1}{s-2}+\dfrac{3}{s^2+4}-\dfrac{3s}{s^2+16}+\dfrac{2s}{s^2-9}\right]$

$$=L^{-1}[1]+L^{-1}\left[\frac{3}{s^3}\right]+L^{-1}\left[\frac{1}{s-2}\right]$$

$$+L^{-1}\left[\frac{3}{s^2+4}\right]-L^{-1}\left[\frac{3s}{s^2+16}\right]+L^{-1}\left[\frac{2s}{s^2-9}\right]$$

$$=L^{-1}[1]+L^{-1}\left[\frac{3\cdot\frac{1}{2!}\cdot 2!}{s^{2+1}}\right]+L^{-1}\left[\frac{1}{s-2}\right]$$

$$+L^{-1}\left[\frac{\frac{3}{2}\cdot 2}{s^2+2^2}\right]-L^{-1}\left[\frac{3\cdot s}{s^2+4^2}\right]+L^{-1}\left[\frac{2\cdot s}{s^2-3^2}\right]$$

$$=\delta(t)+\frac{3}{2}t^2+e^{2t}+\frac{3}{2}\sin(2t)-3\cos(4t)+2\cosh(3t)$$

例 5 若 $F(s)=\dfrac{5}{(s+2)^3}$，求 $f(t)$。

(做法) 用「第三式」來解

解 (1) 將 $s+2$ 改成 s，再求其反拉氏，即

$$L^{-1}\left[\frac{5}{s^3}\right]=L^{-1}\left[\frac{\frac{5}{2!}\cdot 2!}{s^{2+1}}\right]=\frac{5}{2}t^2$$

(2) 將 (1) 的 s 改回 $(s+2)=s-(-2)$，只要將 (1) 的結果再乘以 e^{-2t}，

所以 $L^{-1}\left[\frac{5}{(s+2)^3}\right]=\frac{5}{2}t^2\cdot e^{-2t}$

例 6 若 $F(s)=\frac{5}{(s-3)^2+2}$，求 $f(t)$。

做法 用「第三式」來解

解 (1) 將 $s-3$ 改成 s，再求其反拉氏，即

$$L^{-1}\left[\frac{5}{s^2+2}\right]=L^{-1}\left[\frac{5\cdot\frac{1}{\sqrt{2}}\cdot\sqrt{2}}{s^2+(\sqrt{2})^2}\right]=\frac{5}{\sqrt{2}}\sin(\sqrt{2}t)$$

(2) 將 (1) 的 s 改回 $(s-3)$，只要將 (1) 的結果再乘以 e^{3t}，

所以 $L^{-1}\left[\frac{5}{(s-3)^2+2}\right]=\frac{5}{\sqrt{2}}\sin(\sqrt{2}t)\cdot e^{3t}$

例 7 若 $F(s)=\frac{5(s+2)}{(s+2)^2+3}$，求 $f(t)$

解 (1) 將 $s+2$ 改成 s，再求其反拉氏，即

$$L^{-1}\left[\frac{5s}{s^2+(\sqrt{3})^2}\right]=5\cos(\sqrt{3}t)$$

(2) 將 (1) 的 s 改回 $(s+2)$，只要將 (1) 的結果再乘以 e^{-2t}，

所以 $L^{-1}[\frac{5(s+2)}{(s+2)^2+3}] = 5\cos(\sqrt{3}t)e^{-2t}$

例 8　若 $F(s) = \ln\frac{s+a}{s+b}$，求 $f(t)$

做法　用「第六式」來解

解　(1) 令 $L^{-1}[F(s)] = f(t)$

(2) $tf(t) = L^{-1}[-\frac{d}{ds}F(s)]$，而

$$\frac{d}{ds}F(s) = \frac{d}{ds}\ln\frac{s+a}{s+b}$$

$$= \frac{s+b}{s+a}\cdot\frac{d}{ds}\left(\frac{s+a}{s+b}\right)$$

$$= \frac{s+b}{s+a}\cdot\frac{b-a}{(s+b)^2}$$

$$= \frac{(b-a)}{(s+a)(s+b)}$$

(3) $tf(t) = -L^{-1}[\frac{(b-a)}{(s+a)(s+b)}]$

$= L^{-1}[\frac{1}{s+b} - \frac{1}{s+a}]$（部分分式法）

$= e^{-bt} - e^{-at}$

(4) $f(t) = \frac{1}{t}(e^{-bt} - e^{-at})$

例 9　求 $L^{-1}\left[\int_s^{\infty}\frac{5(u+2)}{(u+2)^2+3}du\right]$

做法 用「第七式」來解

解 由本節例 7 知，$L^{-1}\left[\dfrac{5(s+2)}{(s+2)^2+3}\right]=5\cos(\sqrt{3}t)e^{-2t}$

所以 $L^{-1}\left[\int_s^{\infty}\dfrac{5(u+2)}{(u+2)^2+3}du\right]=\dfrac{5}{t}\cos(\sqrt{3}t)e^{-2t}$

（註：也可以先求出積分後，再求其反拉氏轉換）

習題 8：求下列函數的反拉氏轉換：

(1) $L^{-1}\left\{\dfrac{1}{s^4}\right\}$。

解 $\dfrac{t^3}{6}$

(2) $L^{-1}\left\{\dfrac{6s}{s^2-16}\right\}$。

解 $6\cosh(4t)$

(3) $L^{-1}\left\{\dfrac{1}{s^2-3}\right\}$。

解 $\dfrac{\sinh(\sqrt{3}t)}{\sqrt{3}}$

(4) $L^{-1}[\dfrac{4}{s-2}]$。

解 $4e^{2t}$

(5) $L^{-1}[\dfrac{1}{s^2+9}]$。

解 $\dfrac{\sin(3t)}{3}$

(6) $L^{-1}[\frac{9}{s^3}]$。

解　$\frac{9}{2}\cdot t^2$

(7) $L^{-1}[\frac{s}{s^2+2}]$。

解　$\cos(\sqrt{2}t)$

(8) $L^{-1}[\frac{5s+4}{s^3}-\frac{2s-18}{s^2+9}]$。

解　$5t+2t^2-2\cos 3t+6\sin 3t$

(9) $L^{-1}\left\{\frac{6}{2s-3}-\frac{3+4s}{9s^2-16}+\frac{8-6s}{16s^2+9}\right\}$。

解　$3e^{\frac{3t}{2}}-\frac{1}{4}\sinh(\frac{4t}{3})-\frac{4}{9}\cosh(\frac{4t}{3})+\frac{2}{3}\sin(\frac{3t}{4})$

$-\frac{3}{8}\cos(\frac{3t}{4})$

(10) $L^{-1}[\ln\frac{s-1}{s}]$。

解　$\frac{1}{t}(1-e^t)$

(11) $L^{-1}[\ln\frac{s^2-1}{s^2}]$。

解　$\frac{2}{t}[1-\cosh(t)]$

2.2 分母是二次式的反拉氏轉換

- **第九式：分母是二次式的反拉氏轉換**

■分母是二次式，求「反拉氏轉換」的方法和求「積分」的方法相似，均是先求出二次式的判別式，即：

要求 $F(s)=\dfrac{cs+d}{s^2+as+b}$ 的反拉氏轉換時，

(1) 若分母的判別式 $(a^2-4b)>0$，則

(a) 用部分分式法解（見下一式（第十式）說明）；或

(b) $s^2+as+b=(s+\alpha)^2-\beta^2$，其爲 sinh( ) 或 cosh( ) 的形式

(2) 若分母的判別式 $(a^2-4b)=0$ 且 $c\neq 0$，用部分分式法解（見下一式（第十式）說明）。

(3) 若分母的判別式 $(a^2-4b)=0$ 且 $c=0$，用「第三式」解（見例 1）。

(4) 若分母的判別式 $(a^2-4b)<0$，則

(a) 將分母 s^2+as+b 改成 $(s+\alpha)^2+\beta^2$ 的形式（見例 2）

(b) 若 $c\neq 0$，還要將分子分成二項，即「$(s+\alpha)$ 的倍數」再加一「常數」（見例 3）。

例 1 若 $F(s)=\dfrac{5}{s^2+4s+4}$，求 $f(t)$。

做法 此題是分母是二次式且判別式等於 0 的情況，用前一節「第三式」來解

解 $L^{-1}[F(s)]=L^{-1}\left[\dfrac{5}{s^2+4s+4}\right]=L^{-1}\left[\dfrac{5}{(s+2)^2}\right]$

(1) 將 $s+2$ 改成 s，再求其反拉氏轉換，即 $L^{-1}\left[\dfrac{5}{s^2}\right]=5t$

(2) 將 s 改回 $s-(-2)$ 時，結果要多乘以 e^{-2t}

即 $L^{-1}\left[\dfrac{5}{(s+2)^2}\right]=5t\cdot e^{-2t}$

例 2 若 $F(s)=\dfrac{5}{s^2+2s+5}$，求 $f(t)$。

做法　此題是分母是二次式且判別式小於 0 的情況，分母先改成 $(s+\alpha)^2+\beta^2$，再用前一節「第三式」來解

解　$L^{-1}[F(s)]=L^{-1}\left[\dfrac{5}{s^2+2s+5}\right]=L^{-1}\left[\dfrac{5}{(s+1)^2+4}\right]$

(1) 將 $s+1$ 改成 s，再求其反拉氏轉換，即

$$L^{-1}\left[\frac{5}{s^2+4}\right]=L^{-1}\left[\frac{\frac{5}{2}\cdot 2}{s^2+2^2}\right]=\frac{5}{2}\sin(2t)$$

(2) 將 s 改回 $s-(-1)$ 時，結果要多乘以 e^{-t}

即 $L^{-1}\left[\dfrac{5}{(s+1)^2+4}\right]=\dfrac{5}{2}e^{-t}\sin(2t)$

例 3 若 $F(s)=\dfrac{s+5}{s^2+2s+5}$，求 $f(t)$。

做法　此題也是分母是二次式且判別式小於 0 的情況

解　$F(s)=\dfrac{s+5}{s^2+2s+5}=\dfrac{s+1+4}{(s+1)^2+2^2}$

$$=\frac{(s+1)}{(s+1)^2+2^2}+\frac{2\cdot 2}{(s+1)^2+2^2}$$

〔註：第一項的分子也要表成 $(s+1)$，以便分子、分母可同時改成 s〕

(1) 將 $s+1$ 改成 s，再求其反拉氏轉換，即

$$L^{-1}[\frac{s}{s^2+2^2}+\frac{2\cdot 2}{s^2+2^2}]=\cos(2t)+2\sin(2t)$$

(2) 將 s 改回 $s-(-1)$ 時，結果要多乘以 e^{-t}

所以 $L^{-1}[F(s)]=L^{-1}[\frac{(s+1)}{(s+1)^2+2^2}+\frac{2\cdot 2}{(s+1)^2+2^2}]$

$$=e^{-t}[\cos(2t)+2\sin(2t)]$$

例 4 若 $F(s)=\dfrac{2s}{s^2-4s+5}$，求 $f(t)$。

做法 此題也是分母是二次式且判別式小於 0 的情況

解 $F(s)=\dfrac{2s}{s^2-4s+5}$

$$=\frac{2(s-2)+4}{(s-2)^2+1^2}$$

$$=\frac{2(s-2)}{(s-2)^2+1^2}+\frac{4\cdot 1}{(s-2)^2+1^2}$$

〔註：第一項的分子也要表成 $(s-2)$，以便分子、分母可同時改成 s〕

(1) 將 $s-2$ 改成 s，再求其反拉氏轉換，即

$$L^{-1}[\frac{2s}{s^2+1^2}+\frac{4\cdot 1}{s^2+1^2}]=2\cos(t)+4\sin(t)$$

(2) 將 s 改回 $s-(2)$ 時，結果要多乘以 e^{2t}

所以 $L^{-1}[F(s)] = L^{-1}[\frac{2(s-2)}{(s-2)^2+1^2} + \frac{4\cdot 1}{(s-2)^2+1^2}]$

$= e^{2t}\left[2\cos(t) + 4\sin(t)\right]$

習題 9：求下列函數的反拉氏轉換。

(1) $\frac{1}{s^2-2s+5}$。

解　$\frac{1}{2}e^{t}\sin 2t$

(2) $\frac{s+2}{s^2+4s+5}$。

解　$e^{-2t}\cos t$

(3) $\frac{6s-4}{s^2-4s+20}$。

解　$6e^{2t}\cos 4t + 2e^{2t}\sin 4t$

(4) $\frac{2s+3}{s^2+2s+2}$。

解　$\left[2\cos t + \sin t\right]e^{-t}$

2.3 用部分分式法解反拉氏轉換

• **第十式：用部分分式法解反拉氏轉換**

■設 $Y(s)=\dfrac{G(s)}{H(s)}$，$G(s)$ 和 $H(s)$ 均爲實係數 s 的多項式，且無公因式，且 $G(s)$ 的 s 次方數低於 $H(s)$ 的 s 次方數。

■若分母 H(s) 可分解成

$$H(s)=(s+a)(s+b)^3(s^2+cs+d)(s^2+es+f)^2$$

其中上式的二次式的判別式都小於 0，即

$c^2-4d<0$，且 $e^2-4f<0$，則

$$Y(s)=\frac{A_1}{s+a}+\frac{A_2}{s+b}+\frac{A_3}{(s+b)^2}+\frac{A_4}{(s+b)^3}+\frac{A_5s+A_6}{(s^2+cs+d)}+\frac{A_7s+A_8}{(s^2+es+f)}+\frac{A_9s+A_{10}}{(s^2+es+f)^2}$$

其中 A_1～A_{10} 是未知數

（也就是分母是多項式相乘的分式，可以變成分母是多項式相加的式子）

■我們可以求出上式的 $A_1, A_2, \cdots\cdots, A_{10}$ 等未知數，再一一的求出其反拉氏轉換。

即 (1) $L^{-1}\left[\dfrac{A_1}{s+a}\right]$ 可用「第八式」的例 1 解。

(2) $L^{-1}\left[\dfrac{A_4}{(s+b)^3}\right]$ 可用「第八式」的例 5 解。

(3) $L^{-1}\left[\dfrac{A_5s+A_6}{s^2+cs+d}\right]$ 可用「第九式」的例 3 解。

(4) $L^{-1}\left[\dfrac{A_9 s + A_{10}}{(s^2+es+f)^2}\right]$ 可用第 11 式的「卷積（convolution）」來解，或直接代下面的公式。

$$\begin{cases} L^{-1}\left[\dfrac{1}{(s^2+w^2)^2}\right]=\dfrac{1}{2w^3}\left[\sin(wt)-wt\cdot\cos(wt)\right] \\ L^{-1}\left[\dfrac{s}{(s^2+w^2)^2}\right]=\dfrac{t}{2w}\sin(wt) \end{cases}$$

■何時分成二項？

若分式的分子次方大於等於分母括號內的次方時，如：$\dfrac{mx^2+nx+p}{(x^2+ax+b)^2}$ 或 $\dfrac{mx+n}{(ax+b)^2}$，此時要用部分分式法分成多項；反之，若分式的分子次方小於分母括號內的次方時，就不需要，如：$\dfrac{mx+n}{(x^2+ax+b)^2}$ 或 $\dfrac{m}{(ax+b)^2}$。

例 1　若 $F(s)=\dfrac{s^2+2}{s(s+1)(s+2)}$，求 $f(t)$。

解　(1) 因 $\dfrac{s^2+2}{s(s+1)(s+2)}=\dfrac{a}{s}+\dfrac{b}{s+1}+\dfrac{c}{s+2}$（$a, b, c$ 是未知數）

(2) 同乘 $s(s+1)(s+2)$

$\Rightarrow s^2+2=a(s+1)(s+2)+bs(s+2)+cs(s+1)$

(a) $s=0$ 代入 $\Rightarrow 2=2a\Rightarrow a=1$

(b) $s=-1$ 代入 $\Rightarrow 3=-b\Rightarrow b=-3$

(c) $s=-2$ 代入 $\Rightarrow 6=2c\Rightarrow c=3$

$$\Rightarrow \frac{s^2+2}{s(s+1)(s+2)} = \frac{1}{s} + \frac{-3}{s+1} + \frac{3}{s+2}$$

(3) 所以 $L^{-1}[F(s)] = 1 - 3e^{-t} + 3e^{-2t}$

例 2 若 $F(s) = \dfrac{5s^2-15s-11}{(s-2)^3(s+1)}$，求 $f(t)$。

解 (1) 因 $\dfrac{5s^2-15s-11}{(s-2)^3(s+1)} = \dfrac{a}{s+1} + \dfrac{b}{s-2} + \dfrac{c}{(s-2)^2} + \dfrac{d}{(s-2)^3}$

（a, b, c, d 是未知數）

(2) 同乘 $(s-2)^3(s+1)$

$$\Rightarrow 5s^2 - 15s - 11 = a(s-2)^3 + b(s+1)(s-2)^2 + c(s+1)(s-2) + d(s+1)$$

(a) $s = -1$ 代入 $\Rightarrow 9 = -27a \Rightarrow a = \dfrac{-1}{3}$

(b) $s = 2$ 代入 $\Rightarrow -21 = 3d \Rightarrow d = -7$

(c) 比較 s^3 的係數 $\Rightarrow 0 = a + b \Rightarrow b = -a = \dfrac{1}{3}$

(d) 比較常數的係數（或 $s = 0$ 代入）

$\Rightarrow -11 = -8a + 4b - 2c + d \Rightarrow c = 4$

(3) 所以 $\dfrac{5s^2-15s-11}{(s-2)^3(s+1)} = \dfrac{-\frac{1}{3}}{s+1} + \dfrac{\frac{1}{3}}{s-2} + \dfrac{4}{(s-2)^2} + \dfrac{-7}{(s-2)^3}$

$$\Rightarrow L^{-1}[F(s)] = -\frac{1}{3}e^{-t} + \frac{1}{3}e^{2t} + 4te^{2t} - \frac{7}{2}t^2e^{2t}$$

例 3 若 $F(s) = \dfrac{s}{(s+1)(s^2+2s+2)}$，求 $f(t)$。

解 (1) $\dfrac{s}{(s+1)(s^2+2s+2)} = \dfrac{a}{s+1} + \dfrac{bs+c}{s^2+2s+2}$

（a, b, c 是未知數）

(2) 同乘 $(s+1)(s^2+2s+2)$

$\Rightarrow s = a(s^2+2s+2)+(bs+c)(s+1)$

(a) $s=-1$ 代入 $\Rightarrow -1 = a \Rightarrow a=-1$

(b) 比較 s^2 的係數 $\Rightarrow 0 = a+b \Rightarrow b=-a=1$

(c) 比較常數的係數（或 $s=0$ 代入）

$\Rightarrow 0 = 2a+c \Rightarrow c=-2a=2$

(3) 所以 $\dfrac{s}{(s+1)(s^2+2s+2)} = \dfrac{-1}{s+1} + \dfrac{s+2}{s^2+2s+2}$

$$= \frac{-1}{s+1} + \frac{(s+1)}{(s+1)^2+1} + \frac{1}{(s+1)^2+1}$$

$$\Rightarrow L^{-1}[F(s)] = -e^{-t} + e^{-t}\cos(t) + e^{-t}\sin(t)$$

例 4　若 $F(s)=\dfrac{2}{(s^2+2s+5)^2}$，求 $f(t)$。

做法　此題的解法和解 $F(s)=\dfrac{2}{s^2+2s+5}$ 的反拉氏大致相同，只是最後代的公式為 $L^{-1}\left[\dfrac{1}{(s^2+w^2)^2}\right]$ 而非 $L^{-1}\left[\dfrac{1}{s^2+w^2}\right]$

解　因 $\dfrac{2}{(s^2+2s+5)^2} = \dfrac{2}{(s^2+2s+1+4)^2} = \dfrac{2}{\left[(s+1)^2+2^2\right]^2}$

(1) 將 $(s+1)$ 改成 s，求其反拉氏轉換

$$L^{-1}\left[\frac{2}{\left(s^2+2^2\right)^2}\right] = 2\cdot\frac{1}{2\cdot 2^3}\left[\sin(2t)-2t\cos(2t)\right]$$

（代入公式）

(2) 將 s 改回 $(s+1)$，上式要多乘以 e^{-t}

$$\Rightarrow L^{-1}\left[\frac{2}{\left[(s+1)^2+2^2\right]^2}\right]=\frac{1}{8}e^{-t}\left[\sin(2t)-2t\cos(2t)\right]$$

例 5 若 $F(s)=\dfrac{s}{(s^2+2s+5)^2}$，求 $f(t)$。

做法 此題是代 $L^{-1}\left[\dfrac{s}{(s^2+w^2)^2}\right]$ 公式，而非 $L^{-1}\left[\dfrac{s}{s^2+w^2}\right]$

解 因 $\dfrac{s}{(s^2+2s+5)^2}=\dfrac{s}{(s^2+2s+1+4)^2}$

$$=\frac{(s+1)}{\left[(s+1)^2+2^2\right]^2}-\frac{1}{\left[(s+1)^2+2^2\right]^2}$$

(1) 將 $(s+1)$ 改成 s，求其反拉氏轉換

$$L^{-1}\left[\frac{s}{\left(s^2+2^2\right)^2}-\frac{1}{\left(s^2+2^2\right)^2}\right]$$

$$=\frac{t}{2\cdot 2}\sin(2t)-\frac{1}{2\cdot 2^3}\left[\sin(2t)-2t\cos(2t)\right]$$

（代入公式）

(2) 將 s 改回 $(s+1)$，上式要多乘以 e^{-t}

$$L^{-1}\left[\frac{s+1}{\left((s+1)^2+2^2\right)^2}-\frac{1}{\left((s+1)^2+2^2\right)^2}\right]$$

$$=e^{-t}\left\{\frac{t}{4}\sin(2t)-\frac{1}{16}\left[\sin(2t)-2t\cos(2t)\right]\right\}$$

例 6 若 $F(s)=\dfrac{s^2+2s}{(s^2+2s+2)^2}$，求 $f(t)$。

做法 此題的分子的次方是 s^2，而分母括號內也是 s^2，所以要用部分分式法分成 2 項

解 (1) $\dfrac{s^2+2s}{(s^2+2s+2)^2}=\dfrac{as+b}{s^2+2s+2}+\dfrac{cs+d}{(s^2+2s+2)^2}$

(2) 同乘 $(s^2+2s+2)^2 \Rightarrow s^2+2s=(as+b)(s^2+2s+2)+(cs+d)$

(a) 比較 s^3 的係數 $\Rightarrow 0=a \Rightarrow a=0$

(b) 比較 s^2 的係數 $\Rightarrow 1=2a+b \Rightarrow b=1$

(c) 比較 s^1 的係數 $\Rightarrow 2=2a+2b+c \Rightarrow c=2-2b=0$

(d) 比較常數的係數 $\Rightarrow 0=2b+d \Rightarrow d=-2b=-2$

(3) 所以 $\dfrac{s^2+2s}{(s^2+2s+2)^2}=\dfrac{1}{s^2+2s+2}+\dfrac{-2}{(s^2+2s+2)^2}$

$$=\frac{1}{(s+1)^2+1}+\frac{-2\cdot 1}{\left[(s+1)^2+1\right]^2}$$

(4) 而 $L^{-1}\left[\dfrac{1}{(s+1)^2+1}\right]=e^{-t}\sin t$

$$L^{-1}\left[\frac{-2\cdot 1}{(s^2+1^2)^2}\right]=\frac{-2}{2}\left[\sin(t)-t\cos(t)\right]$$（代入公式）

$$\Rightarrow L^{-1}\left[\frac{-2\cdot 1}{\left[(s+1)^2+1^2\right]^2}\right]=\frac{-2}{2}e^{-t}\left[\sin(t)-t\cos(t)\right]$$

(5) 所以 $L^{-1}[F(s)]=e^{-t}\sin t-e^{-t}\left[\sin(t)-t\cos(t)\right]$

$$=te^{-t}\cos(t)$$

例 7　求下列函數的反拉氏轉換（分母是二次式的總整理）

(1) $\dfrac{2s}{s^2+4s+3}$　(2) $\dfrac{2}{s^2+4s+4}$　(3) $\dfrac{2s+3}{s^2+4s+4}$

(4) $\dfrac{2}{s^2+4s+5}$　(5) $\dfrac{2s+3}{s^2+4s+5}$

解 (1) 分母判別式大於 0，用部分分式法解之

$$\frac{2s}{s^2+4s+3}=\frac{2s}{(s+1)(s+3)}=\frac{-1}{s+1}+\frac{3}{s+3}$$

$$\Rightarrow L^{-1}[\frac{2s}{s^2+4s+3}]=L^{-1}[\frac{-1}{s+1}]+L^{-1}[\frac{3}{s+3}]$$

$$=-e^{-t}+3e^{-3t}$$

另解 $$L^{-1}[\frac{2s}{s^2+4s+3}]=L^{-1}[\frac{2(s+2)-4}{(s+2)^2-1}]$$

$$=2e^{-2t}\cosh(t)-4e^{-2t}\sinh(t)$$

$$=-e^{-t}+3e^{-3t}$$

(2) 分母判別式等於 0 且分子為常數，用第三式解之

$$L^{-1}[\frac{2}{s^2+4s+4}]=2L^{-1}[\frac{1}{(s+2)^2}]=2te^{-2t}$$

(3) 分母判別式等於 0 且分子為 s 的一次方，用部分分式法解之

$$L^{-1}[\frac{2s+3}{s^2+4s+4}]=L^{-1}[\frac{2(s+2)}{(s+2)^2}+\frac{-1}{(s+2)^2}]$$

$$=2L^{-1}[\frac{1}{(s+2)}]-L^{-1}[\frac{1}{(s+2)^2}]=2e^{-2t}-te^{-2t}$$

(4) 分母判別式小於 0 且分子為常數，用第三式解之

$$L^{-1}[\frac{2}{s^2+4s+5}]=L^{-1}[\frac{2}{(s+2)^2+1}]=2e^{-2t}\sin t$$

(5) 分母判別式小於 0 且分子為 s 的一次方，分子要分成二項

$$L^{-1}[\frac{2s+3}{s^2+4s+5}]=L^{-1}[\frac{2(s+2)-1}{(s+2)^2+1}]$$

$$=L^{-1}[\frac{2(s+2)}{(s+2)^2+1}-\frac{1}{(s+2)^2+1}]$$

$$=(2\cos t-\sin t)e^{-2t}$$

習題 10：求下列函數的反拉氏轉換。

(1) $\dfrac{s+12}{s^2+4s}$。

解　$3-2e^{-4t}$

(2) $\dfrac{3s}{s^2+2s-8}$。

解　$e^{2t}+2e^{-4t}$

(3) $\dfrac{1}{s(s^2+1)}$。

解　$1-\cos t$

(4) $\dfrac{1}{s^2(s^2+9)}$。

解　$\dfrac{1}{9}t-\dfrac{1}{27}\sin 3t$

(5) $L^{-1}\left\{\dfrac{4s+12}{s^2+8s+16}\right\}$。

解　$4e^{-4t}-4te^{-4t}$

(6) $L^{-1}\left\{\dfrac{3s+7}{s^2-2s-3}\right\}$。

解　$3e^{t}\cosh 2t+5e^{t}\sinh 2t=4e^{3t}-e^{-t}$

(7) $L^{-1}\left\{\dfrac{5s^2-15s-11}{(s+1)(s-2)^3}\right\}$。

解　$\dfrac{-1}{3}e^{-t}-\dfrac{7}{2}t^2e^{2t}+4te^{2t}+\dfrac{1}{3}e^{2t}$

(8) $L^{-1}\left\{\dfrac{3s+1}{(s-1)(s^2+1)}\right\}$。

解 $2e^{t}-2\cos t+\sin t$

(9) $L^{-1}\left\{\dfrac{2s^2-4}{(s+1)(s-2)(s-3)}\right\}$。

解 $\dfrac{-1}{6}e^{-t}-\dfrac{4}{3}e^{2t}+\dfrac{7}{2}e^{3t}$

(10) $L^{-1}\left\{\dfrac{s^2+2s+3}{(s^2+2s+2)(s^2+2s+5)}\right\}$。

解 $\dfrac{1}{3}e^{-t}\sin t+\dfrac{1}{3}e^{-t}\sin 2t$

(11) $\dfrac{3s^2-6s+7}{(s^2-2s+5)^2}$。

解 $\dfrac{3}{2}e^{t}\sin 2t-\dfrac{1}{2}e^{t}(\sin 2t-2t\cos 2t)$

(12) $\dfrac{s^2-6s+7}{(s^2-4s+5)^2}$。（比較第 6 式習題 (5)）

解 $(t\cos t-t\sin t)e^{2t}$

2.4　卷積——求二函數相乘的反拉氏轉換

• 第 11 式：卷積 (convolution，或翻譯成褶積、旋捲）——求二函數相乘的反拉氏轉換

■若 $L^{-1}[F(s)]=f(t)$, $L^{-1}[G(s)]=g(t)$，則

$$L^{-1}[F(s)\cdot G(s)]=\int_0^t f(u)\,g(t-u)du$$

■**說明**：要求二函數相乘的反拉氏轉換，可先將二函數的反拉氏轉換個別求出來，相乘〔參數 t 一個改成 u，另一個改成 $(t-u)$〕後再積分即可得到。

〔註：哪一個函數的 t 改成 u，哪一個函數的 t 改成 $(t-u)$，算出來的答案均相同〕

■**公式**：

$$\left[\begin{array}{l} L^{-1}\left[\dfrac{1}{(s^2+w^2)^2}\right]=\dfrac{1}{2w^3}\left[\sin(wt)-wt\cos(wt)\right] \\ L^{-1}\left[\dfrac{s}{(s^2+w^2)^2}\right]=\dfrac{t}{2w}\sin(wt) \end{array}\right]$$

可以用此卷積法來證明。

例 1　用卷積解 $L^{-1}\left[\dfrac{1}{(s-1)(s-2)}\right]$。

解　(1) 因 $L^{-1}\left[\dfrac{1}{(s-1)}\right]=e^t$, $L^{-1}\left[\dfrac{1}{(s-2)}\right]=e^{2t}$

(2) 將第一項的 t 改成 u，第二項的 t 改成 $(t-u)$

(3) 所以 $L^{-1}\left[\dfrac{1}{(s-1)(s-2)}\right]=\int_0^t e^u\cdot e^{2(t-u)}du$

$$= \int_0^t e^{2t} \cdot e^{-u} du = e^{2t} \left[\int_0^t e^{-u} du \right]$$

$$= e^{2t} \cdot \left[-e^{-u} \Big|_{u=0}^{t} \right] = e^{2t} \left[1 - e^{-t} \right]$$

註：本題用部分分式法解會比較簡單，放在這裏的目的是要練習卷積的用法

例 2 用卷積解 $L^{-1}\left[\dfrac{1}{s(s+1)^2}\right]$。

解 (1) 因 $L^{-1}\left[\dfrac{1}{s}\right] = 1$，$L^{-1}\left[\dfrac{1}{(s+1)^2}\right] = te^{-t}$

(2) 將第二項的 t 改成 u，第一項的 t 改成 $(t-u)$（因沒有 t，所以不用換）

(3) $L^{-1}\left[\dfrac{1}{s(s+1)^2}\right] = \int_0^t ue^{-u} \cdot (1) du$

$$= \int_0^t ue^{-u} du \text{（用分部積分法解）}$$

$$= (-ue^{-u} - e^{-u})_{u=0}^{t}$$

$$= (-te^{-t} - e^{-t}) - (0 - e^0)$$

$$= -te^{-t} - e^{-t} + 1$$

註：用部分分式法解會比較簡單

例 3 證明：$L^{-1}\left[\dfrac{s}{(s^2+w^2)^2}\right] = \dfrac{t}{2w}\sin wt$。

解 (1) 因 $L^{-1}\left[\dfrac{s}{s^2+w^2}\right] = \cos(wt)$,

$$L^{-1}\left[\frac{1}{s^2+w^2}\right]=\frac{1}{w}\sin(wt)$$

(2) 所以 $L^{-1}\left[\dfrac{s}{\left(s^2+w^2\right)^2}\right]=\dfrac{1}{w}\int_0^t \sin wu\cdot\cos[w(t-u)]du$

$$=\frac{1}{2w}\int_0^t\left[\sin(wt)+\sin[w(2u-t)]du\right]$$

$$=\frac{1}{2w}\left[\int_0^t\sin wt\,du+\int_0^t\sin[w(2u-t)]du\right]\cdots\cdots(a)$$

(i) 先求 $\int_0^t\sin wt\,du=\sin(wt)\cdot u\Big|_{u=0}^{t}=t\sin(wt)$

(ii) 再求 $\int_0^t\sin[w(2u-t)]du$，

令 $p=w(2u-t)\Rightarrow dp=2w\,du$，

當 $u=0$ 時，$p=-wt$；

當 $u=t$ 時，$p=wt$

所以 $\int_0^t\sin[w(2u-t)]du=\int_{-wt}^{wt}\sin(p)\dfrac{dp}{2w}$

$$=\frac{-\cos(p)}{2w}\Bigg|_{p=-wt}^{wt}=0$$

(3) 由 (a) $\Rightarrow L^{-1}\left[\dfrac{s}{\left(s^2+w^2\right)^2}\right]=\dfrac{1}{2w}.t\sin(wt)=\dfrac{t}{2w}\sin(wt)$

例 4 證明：$L^{-1}\left[\dfrac{1}{(s^2+w^2)^2}\right]=\dfrac{1}{2w^3}\left[\sin(wt)-wt\cos(wt)\right]$。

解 (1) 因 $L^{-1}\left[\dfrac{1}{(s^2+w^2)}\right]=\dfrac{1}{w}\sin wt$，

(2) 所以 $L^{-1}\left[\dfrac{1}{\left(s^{2}+w^{2}\right)^{2}}\right]=\dfrac{1}{w^{2}}\int_{0}^{t}\sin(wu)\cdot\sin[w(t-u)]\,du$

$$=\frac{1}{w^{2}}\int_{0}^{t}\sin(wu)\cdot\sin(wt-wu)\,du$$

$$=\frac{1}{w^{2}}\int_{0}^{t}\frac{1}{2}\left[\cos(2wu-wt)-\cos(wt)\right]du$$

$$=\frac{1}{2w^{2}}\left[\int_{0}^{t}\cos(2wu-wt)\,du-\int_{0}^{t}\cos(wt)\cdot du\right]\cdots\cdots(a)$$

(i) 先求 $\int_{0}^{t}\cos(2wu-wt)\,du$

令 $p=(2wu-wt)\Rightarrow dp=2w\,du$，

當 $u=0\Rightarrow p=-wt$；當 $u=t\Rightarrow p=wt$

所以 $\int_{0}^{t}\cos(2wu-wt)du=\int_{-wt}^{wt}\cos(p)\cdot\dfrac{dp}{2w}$

$$=\frac{1}{2w}\sin p\Big|_{p=-wt}^{wt}$$

$$=\frac{2\sin(wt)}{2w}$$

$$=\frac{\sin(wt)}{w}$$

(ii) 再求 $\int_{0}^{t}\cos(wt)\cdot du=u\cdot\cos(wt)\Big|_{u=0}^{t}=t\cos(wt)$

(3) 代入 (a) $\Rightarrow L^{-1}\left[\dfrac{1}{\left(s^{2}+w^{2}\right)^{2}}\right]$

$$=\frac{1}{2w^{2}}\left[\frac{\sin(wt)}{w}-t\cos(wt)\right]$$

$$=\frac{1}{2w^{3}}\left[\sin(wt)-wt\cos(wt)\right]$$

習題 11：以下各題，請用「卷積」定理來求其反拉氏轉換。

(1) $L^{-1}\left[\dfrac{1}{(s+3)(s+1)}\right]$。

解　$\dfrac{1}{2}\left[e^{-t}-e^{-3t}\right]$

(2) $L^{-1}\left[\dfrac{1}{(s+1)(s^2+1)}\right]$。

解　$\dfrac{1}{2}\left[e^{-t}-\cos t+\sin t\right]$

(3) $L^{-1}\left[\dfrac{1}{(s+2)^2(s-2)}\right]$。

解　$e^{2t}\left(-\dfrac{1}{4}te^{-4t}-\dfrac{1}{16}e^{-4t}+\dfrac{1}{16}\right)$

(4) $L^{-1}\left[\dfrac{1}{s^2(s-1)}\right]$。

解　$e^{t}-1-t$

(5) $L^{-1}\left[\dfrac{s^2}{(s^2+1)^2}\right]$。（比較第 6 式練習 (6)）

解　$\dfrac{1}{2}t\cos t+\dfrac{1}{2}\sin t$

第 3 章　其他類型的拉氏轉換

3.1　t 軸之移位（第二移位性質）

• 第 12 式：t（時間）軸之移位（第二移位性質）

■本章「第三式」$L\left[e^{at}f(t)\right]=F(s-a)$ 為第一移位性質，它是將 $F(s)$ 的 s 移位成 $(s-a)$，本式為第二移位性質，它是移動 t 軸。

■介紹一個新函數，稱為「單位階梯函數」（unit step function，或翻譯成「步階函數」）：

$$u_a(t)=u(t-a)=\begin{cases}0\,,\text{當 } t<a\\ 1\,,\text{當 } t>a\end{cases}\quad (a\geq 0)\text{（見下圖）}$$

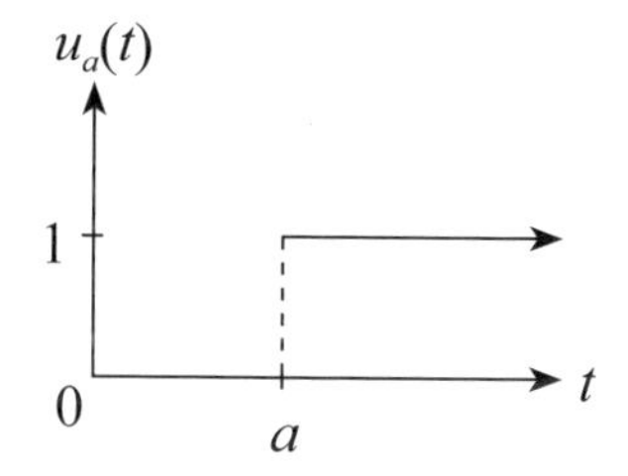

所以 $f(t)u(t-a)$ 的值為

(1) 當 $t<a$ 時，$f(t)u(t-a)=0$

(2) 當 $t>a$ 時，$f(t)u(t-a)=f(t)$

註：(1) 寫成 $u_a(t)$ 或 $u(t-a)$ 均可

(2) 若 $t=0$，則寫成 $u(t)$

■以前介紹的拉氏轉換因都只考慮 $t>0$ 時，所以會直接寫成 $L[f(t)]=F(s)$，其實更嚴謹的寫法應該寫成

$$L[f(t)u(t)]=F(s)\text{，}$$

也就是

(1) $L[u(t)]=\dfrac{1}{s}$，

(2) $L[tu(t)]=\dfrac{1}{s^2}$，

(3) $L[t^n u(t)]=\dfrac{n!}{s^{n+1}}$，

(4) $L[e^{at}u(t)]=\dfrac{1}{s-a}$（$s>a$）等。

■本節為第二移位性質，其為：

$$f(t-a)u(t-a)=\begin{cases} f(t-a), & t>a \\ 0 & ,t<a \end{cases},$$

其拉氏轉換 $L[f(t-a)u(t-a)]=e^{-as}F(s)$

證明：$L[f(t-a)u(t-a)]=\int_0^\infty e^{-st}f(t-a)u(t-a)dt$

$$=\int_0^a e^{-st}f(t-a)u(t-a)dt+\int_a^\infty e^{-st}f(t-a)u(t-a)dt$$

$$=\int_0^a e^{-st}f(t-a)\cdot 0dt+\int_a^\infty e^{-st}f(t-a)\cdot 1dt$$

$$=\int_a^\infty e^{-st}f(t-a)dt \quad \ldots\ldots(1)$$

令 $t-a=x \Rightarrow t=x+a$ 且 $dt=dx$

當 $t=a \Rightarrow x=0$，當 $t=\infty \Rightarrow x=\infty$

$$(1)\Rightarrow \int_0^\infty e^{-s(x+a)}f(x)dx=e^{-sa}\int_0^\infty e^{-sx}f(x)dx=e^{-as}F(s)$$

■**說明**：它有二種用途：

(1) 求拉氏轉換：$L[f(t-a)u(t-a)]=e^{-as}F(s)$

要求 $f(t-a)u(t-a)$ 的拉氏轉換時，

(a) 先將 $f(t-a)u(t-a)$ 內的 t 用 $(t+a)$ 取代〔此處的 a 是 $u(t-a)$ 內的 a〕，得到 $f(t)u(t)$。

〔註：它是將函數 $f(t-a)u(t-a)$ 往左平移 a 單位，也就是函數從原點其值就出現〕。

(b) 求出 (a) 的 $f(t)u(t)$ 的拉氏轉換爲 $F(s)$（此時可直接代拉氏轉換的公式）。

(c) 將 (b) 的 t 改回 $t-a$，即 $f(t-a)u(t-a)$，它的拉氏轉換爲 (b) 的結果多乘以 e^{-as}，即

$L[f(t-a)u(t-a)]=e^{-as}F(s)$

(2) 求反拉氏轉換：$L^{-1}[e^{-as}F(s)]=f(t-a)u(t-a)$

要求 $e^{-as}F(s)$ 的反拉氏轉換時，

(a) 先求 $F(s)$ 的反拉氏轉換，爲 $f(t)$，即

$L^{-1}[F(s)]=f(t)u(t)$（要嚴謹寫出 $u(t)$）。

(b) 將 e^{-as} 加到 $F(s)$ 前，只要將 (a) 結果的 t 改成 $(t-a)$，即 $L^{-1}[e^{-as}F(s)]=f(t-a)u(t-a)$。

例 1 求 $L[u(t-a)]$，（其中 $u(t-a)=\begin{cases}0, & \text{當 } t<a\\ 1, & \text{當 } t>a\end{cases}$）。

解 用定義來做 $L[u(t-a)]=\int_0^\infty e^{-st}u_a(t)\,dt$

$$=\int_0^a 0\cdot e^{-st}dt+\int_a^\infty 1\cdot e^{-st}\,dt$$

$$=-\frac{1}{s}e^{-st}\Big|_{t=a}^{\infty}=\frac{e^{-as}}{s}$$

公式：$L[u(t-a)]=\dfrac{e^{-as}}{s}$

例 2 求 $f(t)=\begin{cases}(t-2)^3, & t>2\\ 0, & t<2\end{cases}$ 的拉氏轉換。

解 原式即為：$f(t)=(t-2)^3u(t-2)$ 所以

(1) 先將 $(t-2)^3u(t-2)$ 內的 t 用 $(t+2)$ 取代 $\Rightarrow t^3u(t)=t^3$

(2) 解 $L\left[t^3\right]=\dfrac{3!}{s^4}=\dfrac{6}{s^4}$

(3) 將 t 改回 $t-2$，即 $f(t)=(t-2)^3u(t-2)$，

它的拉氏轉換為 (2) 的結果多乘以 e^{-2s}，

即 $L[(t-2)^3u(t-2)]=e^{-2s}\cdot\dfrac{6}{s^4}=\dfrac{6e^{-2s}}{s^4}$

例 3 求 $f(t)=t^2u(t-3)$ 的拉氏轉換。

解 (1) 先將 $t^2u(t-3)$ 內的 t 用 $(t+3)$ 取代

$\Rightarrow (t+3)^2u(t)=t^2+6t+9$

(2) 解 $L\left[t^2+6t+9\right]=\dfrac{2}{s^3}+\dfrac{6}{s^2}+\dfrac{9}{s}$

(3) 將 t 改回 $t-3$，即 $f(t)=t^2u(t-3)$，

它的拉氏轉換為 (2) 的結果多乘以 e^{-3s}，

即 $L\left[t^2u(t-3)\right]=e^{-3s}\cdot\left(\dfrac{2}{s^3}+\dfrac{6}{s^2}+\dfrac{9}{s}\right)$

例 4 求 $L^{-1}\left[\dfrac{e^{-3s}}{s^3}\right]$。

解 (1) 先求 $L^{-1}\left[\dfrac{1}{s^3}\right]=\dfrac{t^2}{2}u(t)$（要嚴謹寫出 $u(t)$）

(2) 加入 e^{-3s}，只要將 (1) 的 t 改成 $(t-3)$

$\Rightarrow L^{-1}\left[\dfrac{e^{-3s}}{s^3}\right]=\dfrac{(t-3)^2}{2}u(t-3)$

例 5 求下圖的表示法及其拉氏轉換。

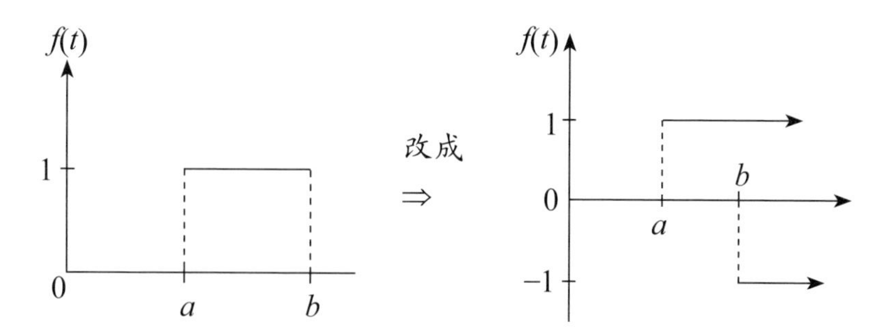

解

(1) 左圖的表示法為 $f(t)=u(t-a)-u(t-b)$，

(2) 所以 $L[f(t)]=L[u(t-a)]-L[u(t-b)]=\dfrac{e^{-as}}{s}-\dfrac{e^{-bs}}{s}$

例 6　求下圖的函數及其拉氏轉換。

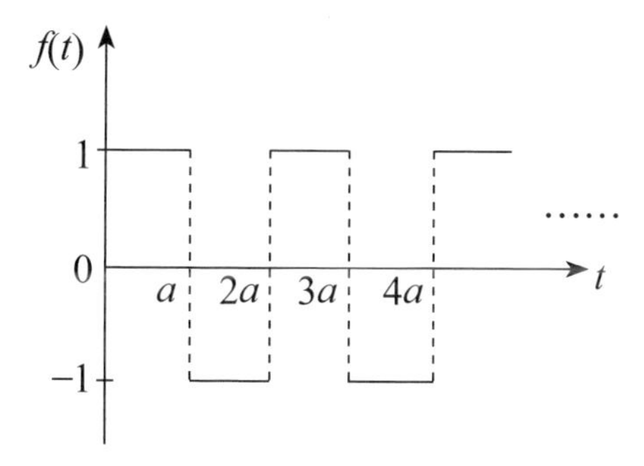

解　(1) $f(t)=1-2u(t-a)+2u(t-2a)-2u(t-3a)+\cdots\cdots$

(2) $L[f(t)]=\left[\dfrac{1}{s}-\dfrac{2e^{-as}}{s}+\dfrac{2e^{-2as}}{s}-\dfrac{2e^{-3as}}{s}+\cdots\cdots\right]$

$$=\frac{1}{s}-\frac{2}{s}\left[e^{-as}-e^{-2as}+e^{-3as}-\cdots\cdots\right]\text{（等比級數）}$$

$$=\frac{1}{s}-\frac{2}{s}\cdot\frac{e^{-as}}{1+e^{-as}}=\frac{1}{s}\left[1-\frac{2e^{-as}}{1+e^{-as}}\right]=\frac{1}{\mathrm{s}}\cdot\frac{1-e^{-as}}{1+e^{-as}}$$

例 7 若$f(t)=\begin{cases}0, & t<0\\ t, & 0<t<1\\ 2t, & 1<t<2\\ 0, & t>2\end{cases}$，求其拉氏轉換。

解 (1) $f(t)=t[u(t)-u(t-1)]+2t[u(t-1)-u(t-2)]$

$$=tu(t)+tu(t-1)-2tu(t-2)$$

(2) $L[f(t)]=L[tu(t)+tu(t-1)-2tu(t-2)]$

$$=\frac{1}{s^2}+\left(\frac{1}{s^2}+\frac{1}{s}\right)e^{-s}-\left(\frac{2}{s^2}+\frac{4}{s}\right)e^{-2s}$$

例 8 求 $L^{-1}\left[\dfrac{1-e^{-s}}{s(s^2+1)}\right]$

解 (1) $\dfrac{1}{s(s^2+1)}=\dfrac{1}{s}-\dfrac{s}{s^2+1}$

(2) $L^{-1}\left[\dfrac{1-e^{-s}}{s(s^2+1)}\right]=L^{-1}\left[\dfrac{1}{s}-\dfrac{s}{s^2+1}\right]-L^{-1}\left[\left(\dfrac{1}{s}-\dfrac{s}{s^2+1}\right)e^{-s}\right]$

$$=(1-\cos t)u(t)-[1-\cos(t-1)]u(t-1)$$

習題 12：求下列函數的拉氏或反拉氏轉換。

(1) 求下列各函數的拉氏轉換：

(a) $t\,u(t-1)$。

解 $\left(\dfrac{1}{s^2}+\dfrac{1}{s}\right)e^{-s}$

(b) $t^2u(t-2)$。

解 $\left(\dfrac{2}{s^3}+\dfrac{4}{s^2}+\dfrac{4}{s}\right)e^{-2s}$

(c) $e^{2t}u(t-1)$。

解　$\dfrac{e^2}{s-2}e^{-s}$

(d) $\cos(t)u(t-\pi)$。

解　$\dfrac{-s}{s^2+1}e^{-\pi s}$

(e) $\dfrac{e^{-\frac{1}{2}(t-\pi)}}{\sqrt{3}}\left[\sqrt{3}\cos\dfrac{\sqrt{3}}{2}(t-\pi)+\sin\dfrac{\sqrt{3}}{2}(t-\pi)\right]u(t-\pi)$

解　$\dfrac{(s+1)\cdot e^{-\pi\cdot s}}{s^2+s+1}$

(2) 求下列各函數的反拉氏轉換：

(a) $\dfrac{e^{-s}}{s^3}$。

解　$\dfrac{1}{2}(t-1)^2u(t-1)$

(b) $\dfrac{e^{-2s}}{s-2}$。

解　$e^{2(t-2)}u(t-2)$

(c) $\dfrac{e^{-s}}{s^2+\pi}$。

解　$\dfrac{1}{\sqrt{\pi}}\sin\left(\sqrt{\pi}(t-1)\right)u(t-1)$

(d) $\dfrac{e^{-\pi s}}{s^2+2s+2}$。

解　$-\sin t\cdot e^{(\pi-t)}u(t-\pi)$

(e) $L^{-1}\left\{\dfrac{e^{-5s}}{(s-2)^4}\right\}$。

解　$\dfrac{1}{6}(t-5)^3 e^{2(t-5)}u(t-5)$

(f) $L^{-1}\left\{\dfrac{s\cdot e^{-4\pi\cdot s/5}}{s^2+25}\right\}$。

解　$\cos(5t)u(t-\dfrac{4\pi}{5})$

(3) 求下列圖形的函數及其拉氏轉換：

(a) 無窮多組（y 座標值爲 1）。

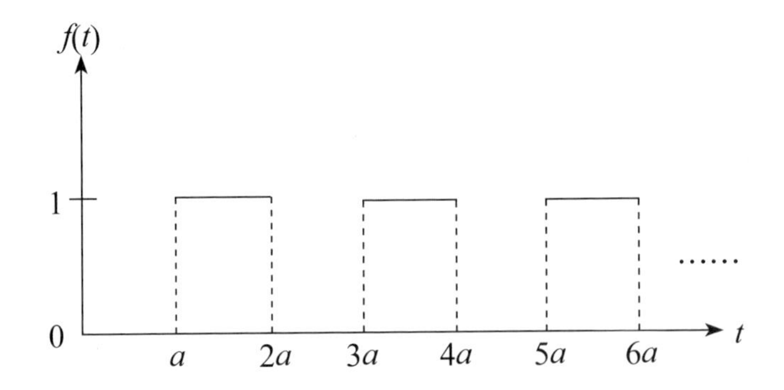

解　$f(t)=u(t-a)-u(t-2a)+u(t-3a)-u(t-4a)+\cdots\cdots$

$L^{-1}[f(t)]=\dfrac{e^{-as}}{s(1+e^{-as})}$

(b) 只有三段。

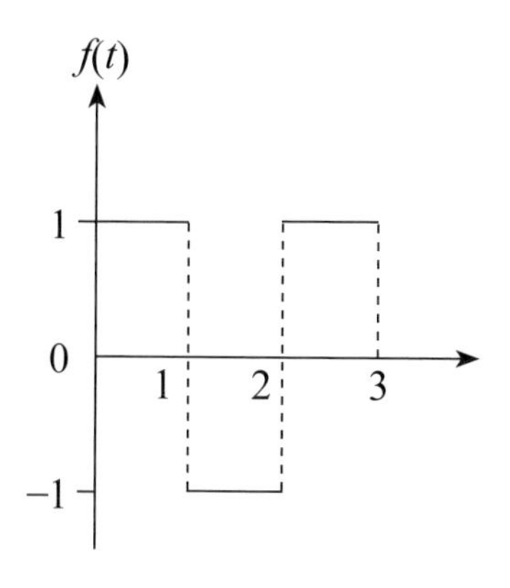

解 $f(t)=1-2u(t-1)+2u(t-2)-u(t-3)$

$$\Rightarrow L^{-1}(f(t))=\frac{1}{s}-\frac{2e^{-s}}{s}+\frac{2e^{-2s}}{s}-\frac{e^{-3s}}{s}$$

3.2 週期函數的拉氏轉換

• **第 13 式：週期函數的拉氏轉換**

■若函數 $f(t)$ 是週期爲 T 的週期函數，則 $f(t+T)=f(t)$（對所有 $t>0$）

■若 $f(t)$ 是週期爲 T 的週期函數，則其拉氏轉換爲

$$L[f(t)]=\frac{1}{1-e^{-Ts}}\int_0^T e^{-st}f(t)\,dt \quad (s>0),$$

也就是要求週期爲 T 的函數的拉氏轉換，只要積分積一個週期，再乘以 $\frac{1}{1-e^{-Ts}}$。

■**證明：**

$$L[f(t)]=\int_0^\infty e^{-st}\cdot f(t)\,dt$$
$$=\int_0^T e^{-st}\cdot f(t)\,dt+\int_T^{2T} e^{-st}\cdot f(t)\,dt+\int_{2T}^{3T} e^{-st}\cdot f(t)\,dt+\cdots \quad (1)$$

因 $f(t)$ 是週期爲 T 函數，

$f(T+t)=f(t)$、$f(2T+t)=f(t)$、……

$$(1)=\int_0^T e^{-st}f(t)\,dt+\int_0^T e^{-s(T+t)}f(T+t)\,dt+\int_0^T e^{-s(2T+t)}f(2T+t)\,dt+\cdots$$
$$=\int_0^T e^{-st}f(t)\,dt+e^{-sT}\int_0^T e^{-st}f(t)\,dt+e^{-2sT}\int_0^T e^{-st}f(t)\,dt+\cdots$$
$$=(1+e^{-sT}+e^{-2sT}+\cdots)\int_0^T e^{-st}f(t)\,dt$$

（第一項爲等比級數，公比爲 e^{-sT}）

$$=\frac{1}{1-e^{-sT}}\int_0^T e^{-st}f(t)\,dt$$

例 1　若下圖的週期爲 $T=2$，求其拉氏轉換。

$$f(t)=\begin{cases}1, & 當\ 0<t<1\\ -1, & 當\ 1<t<2\end{cases}$$

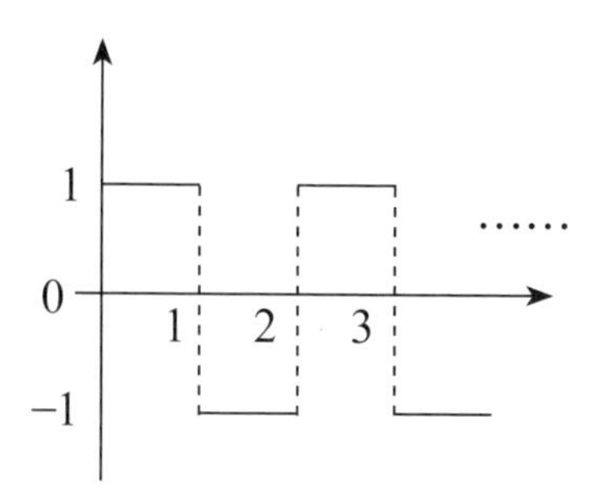

解 (1) 利用週期函數公式 $\Rightarrow L[f(t)] = \frac{1}{1-e^{-2s}} \cdot \int_0^2 e^{-st} f(t)\, dt$

(2) 而 $\int_0^2 e^{-st} f(t)\, dt = \int_0^1 1 \cdot e^{-st} dt + \int_1^2 (-1) \cdot e^{-st} dt$

$$= \frac{1}{-s}[e^{-st}\,|_{t=0}^{1} - e^{-st}\,|_{t=1}^{2}]$$

$$= -\frac{1}{s}[2e^{-s} - e^{-2s} - 1]$$

$$= \frac{1}{s}[e^{-2s} + 1 - 2e^{-s}]$$

(3) 所以 $L[f(t)] = \frac{1}{1-e^{-2s}} \cdot \frac{1}{s}\left[e^{-2s} + 1 - 2e^{-s}\right]$

$$= \frac{1}{s(1-e^{-2s})}\left[1 - 2e^{-s} + e^{-2s}\right]$$

例 2 求下圖鋸齒波形的拉氏轉換。

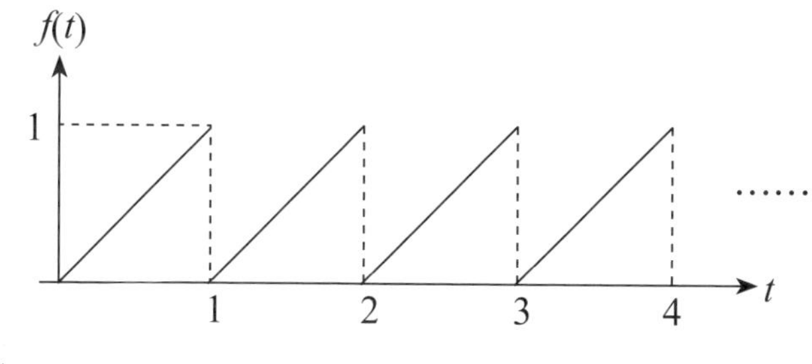

即 $f(t) = t, (0 < t < 1)$

解 (1) 週期為 1 $\Rightarrow L[f(t)] = \frac{1}{1-e^{-s}}\int_0^1 te^{-st}dt$

(2) 而 $\int_0^1 t\cdot e^{-st}dt = -\frac{t}{s}e^{-st}\Big|_{t=0}^{1} + \frac{1}{s}\int_0^1 e^{-st}dt$（分部積分法）

$$= -\frac{1}{s}e^{-s} - \frac{1}{s^2}(e^{-s}-1)$$

(3) 所以 $L[f(t)] = \frac{1}{1-e^{-s}}\left[-\frac{1}{s}e^{-s} - \frac{1}{s^2}\left(e^{-s}-1\right)\right]$

$$= -\frac{e^{-s}}{s\left(1-e^{-s}\right)} + \frac{1}{s^2}$$

習題 13：

(1) 求下列之拉氏轉換（週期函數）：

(a) $f(t) = \begin{cases} 1, & 0 < t < 2 \\ 0, & 2 < \mathrm{t} < 4 \end{cases}$。

解 $\frac{1-e^{-2s}}{s\left(1-e^{-4s}\right)}$

(b) $f(t) = \pi - t$，$0 < t < 2\pi$。

解 $\frac{1}{1-e^{-2\pi s}}\left(\frac{1}{s^2}e^{-2\pi s} + \frac{\pi}{s}e^{-2\pi s} + \frac{\pi}{s} - \frac{1}{s^2}\right)$

(2) 若半波整流器的週期爲 $T = 2\pi$，求其拉氏轉換。

$$f(t) = \begin{cases} \sin(t), & 當\ 0 < t < \pi \\ 0 & ,當\ \pi < t < 2\pi \end{cases}$$

解 $\frac{1}{1-e^{-2\pi s}}\cdot\frac{1}{s^2+1}\left[1+e^{-s\pi}\right]$

3.3 利用拉氏轉換法來解線性常係數微分方程式

• 第 14 式：利用拉氏轉換法來解線性常係數微分方程式

■利用拉氏轉換法來解線性常係數微分方程式的方法為：

（即解 $y''+ay'+by=r(t)$ 且已知 $y(0), y'(0)$）

(1) 將微分方程式逐項取拉氏轉換

(2) 將微分方程式的初值代入 (1) 的結果

(3) 用加、減、乘、除，可求出 $Y(s)$

(4) 求出 $L^{-1}[Y(s)]=y(t)$

■**定理複習**：(1) $L[f'(t)]=sF(s)-f(0)$

(2) $L[f''(t)]=s^2F(s)-sf(0)-f'(0)$

例 1 解 $y''+9y=0$，且 $y(0)=0$，$y'(0)=2$。

解 (1) 取拉氏轉換 $\Rightarrow s^2Y(s)-sy(0)-y'(0)+9Y(s)=0$

(2) 代入初值 $y(0)=0$，$y'(0)=2 \Rightarrow s^2Y(s)-2+9Y(s)=0$

(3) 解出 $Y(s)$，(2) $\Rightarrow Y(s)=\dfrac{2}{s^2+9}$

(4) 求出 $y(t)=L^{-1}[Y(s)]=L^{-1}\left[\dfrac{2}{s^2+9}\right]$

$$=L^{-1}\left[\frac{\frac{2}{3}\cdot 3}{s^2+3^2}\right]=\frac{2}{3}\sin(3t)$$

例 2 解 $y''-3y'+2y=4$，且 $y(0)=1$，$y'(0)=2$。

解 (1) 取拉氏轉換

$$\Rightarrow s^2Y(s) - sy(0) - y'(0) - 3sY(s) + 3y(0) + 2Y(s) = \frac{4}{s}$$

(2) 代入初值 $y(0) = 1\,,\ y'(0) = 2$

$$\Rightarrow s^2Y(s) - s - 2 - 3sY(s) + 3 + 2Y(s) = \frac{4}{s}$$

(3) 求出 $Y(s)$，(2) 式

$$\Rightarrow Y(s)(s^2 - 3s + 2) - s + 1 = \frac{4}{s}$$

$$\Rightarrow Y(s) = \frac{s^2 - s + 4}{s(s^2 - 3s + 2)}$$

$$\Rightarrow Y(s) = \frac{s^2 - s + 4}{s(s-1)(s-2)} = \frac{a}{s} + \frac{b}{s-1} + \frac{c}{s-2}$$

$$\Rightarrow a = 2, b = -4, c = 3$$

(4) 求出 $y(t) = L^{-1}[Y(s)] = L^{-1}\left[\frac{2}{s} + \frac{-4}{s-1} + \frac{3}{s-2}\right]$

$$= 2 - 4e^t + 3e^{2t}$$

例 3　解 $y'' + 4y' + 3y = f(t)$，且 $y(0) = 0, y'(0) = 0$ 而 $f(t)$ 如下圖

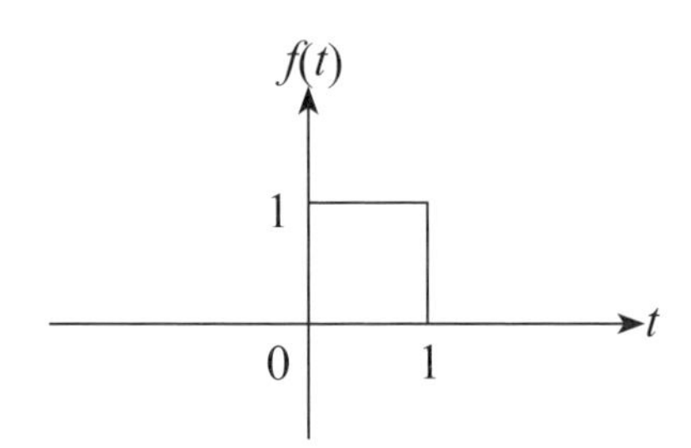

解　$f(t) = u(t) - u(t-1)$，即解 $y'' + 4y' + 3y = u(t) - u(t-1)$

(1) 取拉氏轉換

$$\Rightarrow [s^2Y(s) - sy(0) - y'(0)] + 4[sY(s) - y(0)] + 3Y(s)$$

$$=\frac{1}{s}-\frac{e^{-s}}{s}$$

(2) 代入初值 $\Rightarrow s^2Y(s)+4sY(s)+3y(s)=\frac{1}{s}-\frac{e^{-s}}{s}$

(3) 解出 $Y(s)$，(2) $\Rightarrow Y(s)=\frac{1}{s(s+1)(s+3)}\left(1-e^{-s}\right)$

(4) 求出 $y(t)=L^{-1}[Y(s)]=L^{-1}[\frac{1}{s(s+1)(s+3)}\left(1-e^{-s}\right)]$

因 $\frac{1}{s(s+1)(s+3)}=\frac{\frac{1}{3}}{s}+\frac{-\frac{1}{2}}{s+1}+\frac{\frac{1}{6}}{s+3}$

$$L^{-1}[\frac{1}{s(s+1)(s+3)}\left(1-e^{-s}\right)]$$

$$=L^{-1}[\frac{\frac{1}{3}}{s}+\frac{-\frac{1}{2}}{s+1}+\frac{\frac{1}{6}}{s+3}]-L^{-1}[(\frac{\frac{1}{3}}{s}+\frac{-\frac{1}{2}}{s+1}+\frac{\frac{1}{6}}{s+3})e^{-s}]$$

$$=\left(\frac{1}{3}-\frac{1}{2}e^{-t}+\frac{1}{6}e^{-3t}\right)u(t)$$

$$-\left(\frac{1}{3}-\frac{1}{2}e^{-(t-1)}+\frac{1}{6}e^{-3(t-1)}\right)u(t-1)$$

習題 14：用拉氏轉換解下列微分方程式：

(1) $y''-4y=0$，$y(0)=0$，$y'(0)=-6$。

解　$y(t)=\frac{3}{2}e^{-2t}-\frac{3}{2}e^{2t}$

(2) $y''+y=t$，$y(0)=1$，$y'(0)=-2$。

解　$y(t)=t+\cos t-3\sin t$

(3) $y'' - 3y' + 2y = 4e^{2t}$，$y(0) = -3$，$y'(0) = 5$。

解　$y(t) = -7e^{t} + 4e^{2t} + 4te^{2t}$

(4) $y'' + y = 8\cos t$，$y(0) = 1$，$y'(0) = -1$。

解　$y(t) = 4t\sin t + \cos t - \sin t$

3.4 拉氏轉換在電路學的應用

• **第 15 式：拉氏轉換在電路學的應用**

■電子元件上的電壓 (v) 與電流 (i) 間的關係如下：

(1) 電阻器 (R)：$v(t) = i(t) \cdot R$，

取拉氏轉換 $\Rightarrow V(s) = I(s) \cdot R$

(2) 電容器 (C)：$i(t) = C\dfrac{dv(t)}{dt}$

取拉氏轉換 $\Rightarrow I(s) = C[sV(s) - v_C(0)]$

$$\text{或 } V(s) = \frac{1}{s}\left[\frac{I(s)}{C} + v_C(0)\right]$$

電容器上的初值以電壓表示，即 $v_C(0)$

(3) 電感器 (L)：$v(t) = L\dfrac{di(t)}{dt}$

取拉氏轉換 $\Rightarrow V(s) = L[sI(s) - i_L(0)]$

$$\text{或 } I(s) = \frac{1}{s}\left[\frac{V(s)}{L} + i_L(0)\right]$$

電感器上的初值以電流表示，即 $i_L(0)$

■(1) 電流源（I_0）或並聯電路通常用克西荷夫電流定律（KCL）來解

(2) 電壓源（V_0）或串聯迴路通常用克西荷夫電壓定律（KVL）來解

■用拉氏轉換解 RLC 串聯的方法〔電源通常是電壓源 (V_0)〕：

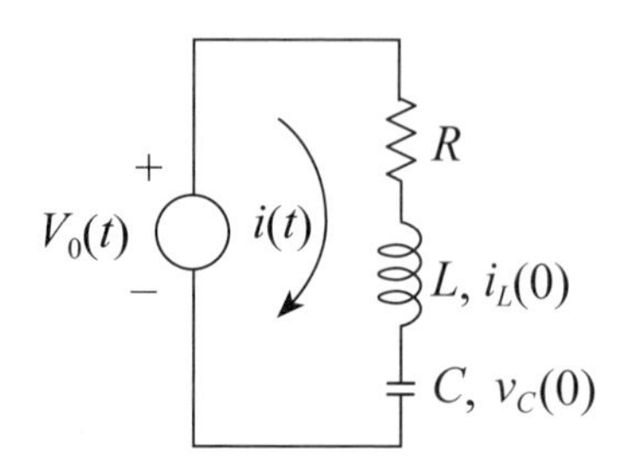

(1) 用克西荷夫電壓定律（KVL）來列方程式，即

$v_R(t) + v_L(t) + v_C(t) = V_0(t)$

(2) 將 (1) 的式子兩邊取拉氏，即

$V_R(s) + V_L(s) + V_C(s) = V_0(s)$

(3) 將 (2) 式的 $V(s)$ 改成用 $I(s)$ 表示；（因串聯元件上的電流均相同）

即 $R \cdot I(s) + L[sI(s) - i_L(0)] + \frac{1}{s}\left[\frac{I(s)}{C} + v_C(0)\right] = V_0(s)$

(4) 將初值 $v_C(0)$ 或 $i_L(0)$ 代入 (3) 式

(5) 解出 $I(s)$；（用 +, −, *, / 即可解出）

(6) 解出 $L^{-1}[I(s)] = i(t)$ 即為所求

■用拉氏轉換解 RLC 並聯的方法〔電源通常是電流源（I_0）〕：

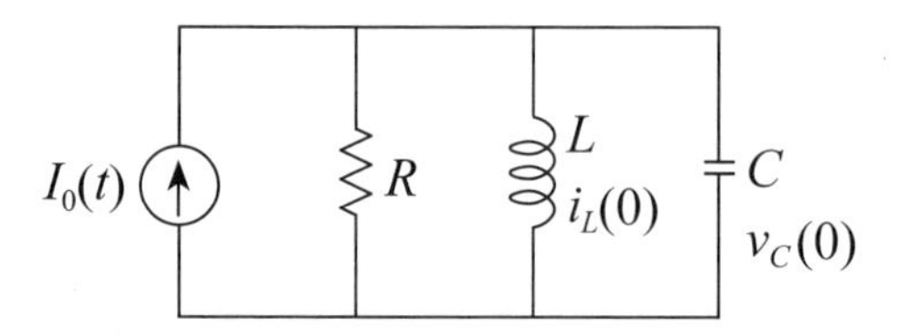

(1) 用克西荷夫電流定律（KCL）來列方程式，即

$i_R(t) + i_L(t) + i_C(t) = I_0(t)$

(2) 將 (1) 的式子兩邊取拉氏，即 $I_R(s) + I_L(s) + I_C(s) = I_0(s)$

(3) 將 (2) 的 $I(s)$ 改成用 $V(s)$ 表示（因並聯元件上的電壓均相同），

即 $\dfrac{V(s)}{R}+\dfrac{1}{s}\left[\dfrac{V(s)}{L}+i_L(0)\right]+C\left[sV(s)-v_C(0)\right]=I_0(s)$

(4) 將初值 $v_C(0)$ 或 $i_L(0)$ 代入 (3) 式

(5) 解出 $V(s)$；(用 +, –, *, / 即可解出)

(6) 解出 $L^{-1}[V(s)] = v(t)$ 即爲所求

例 1 求電壓源（$V_0(t) = \sin(t)$）與 $R = 1\Omega$ 和 $L = 1\text{H}$ 串聯的迴路電流，其中 $i_L(0) = 0$。

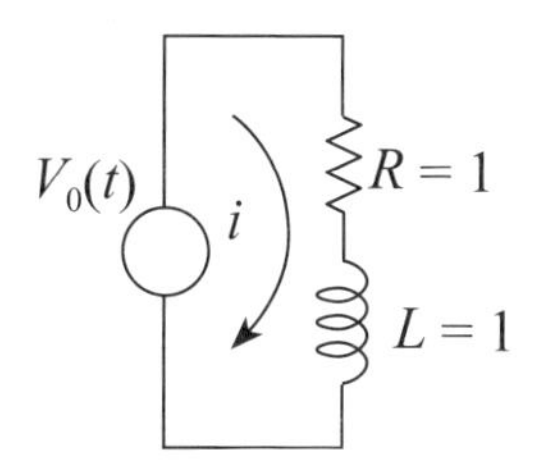

解 (1) 由 KVL 知，$v_R(t) + v_L(t) = V_0(t)$

(2) 取拉氏轉換 $\Rightarrow V_R(s) + V_L(s) = V_0(s)$

(3)（以「電流」列出方程式）

$\Rightarrow R \cdot I(s) + L[sI(s) - i_L(0)] = L(\sin t)$

(4) 代入初值 $\Rightarrow I(s)+sI(s)=\dfrac{1}{s^2+1}$

(5) 解出 $I(s) \Rightarrow I(s)\left[1+s\right]=\dfrac{1}{s^2+1}$

$$\Rightarrow I(s) = \frac{1}{(s+1)(s^2+1)}$$

$$= \frac{0.5}{s+1} + \frac{-0.5s+0.5}{s^2+1}$$

(6) 解出 $L^{-1}[I(s)] = i(t)$

$$i(t) = L^{-1}\left[\frac{0.5}{s+1} + \frac{-0.5s+0.5}{s^2+1}\right] = 0.5e^{-t} - 0.5\cos t + 0.5\sin t$$

例 2 求電流源（$I_0(t) = t$）與 $R = 1\Omega$ 和 $L = 1\text{H}$ 並聯的並聯電壓，其中 $i_L(0) = 0$。

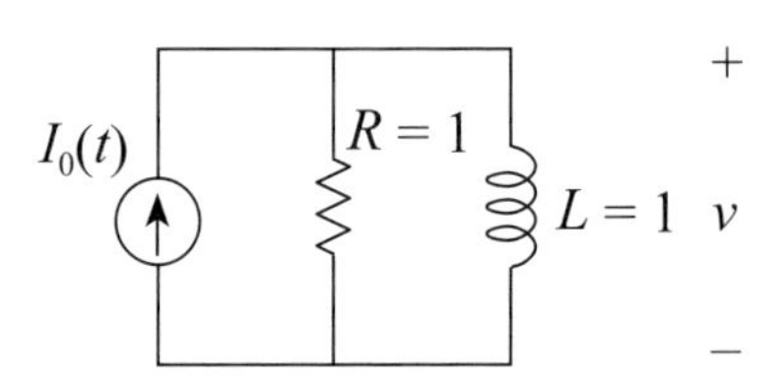

解 (1) 由 KCL 知，$i_R(t) + i_L(t) = I_0(t)$

(2) 取拉氏轉換 $\Rightarrow I_R(s) + I_L(s) = I_0(s)$

(3)（以「電壓」列出方程式）

$$\Rightarrow \frac{V(s)}{R} + \frac{1}{s}\left[\frac{V(s)}{L} + i_L(0)\right] = L(t)$$

(4) 代入初值 $\Rightarrow V(s) + \dfrac{V(s)}{s} = \dfrac{1}{s^2}$

(5) 解出 $V(s) \Rightarrow V(s)\left[1 + \dfrac{1}{s}\right] = \dfrac{1}{s^2}$

$$\Rightarrow V(s) = \frac{1}{s(s+1)} = \frac{1}{s} + \frac{-1}{s+1}$$

(6) 解出 $L^{-1}[V(s)] = v(t)$

$$\Rightarrow v(t) = L^{-1}\left[V(s)\right] = L^{-1}\left[\frac{1}{s}\right] + L^{-1}\left[\frac{-1}{s+1}\right] = 1 - e^{-t}$$

例 3 求 $R = 1\Omega$、$L = 1\text{H}$ 和 $C = 1\text{F}$ 串聯（沒有電源）的迴路電流，其中 $i_L(0) = 1$ 且 $v_C(0) = 0$。

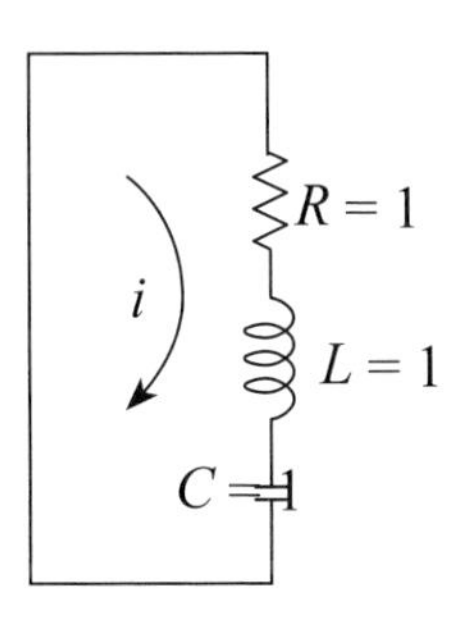

解 (1) 由 KVL 知，$v_R(t) + v_L(t) + v_C(t) = 0$

(2) 取拉氏轉換 $\Rightarrow V_R(s) + V_L(s) + V_C(s) = 0$

(3)（以電流列出方程式）

$$\Rightarrow R \cdot I(s) + L[sI(s) - i_L(0)] + \frac{1}{s}\left[\frac{I(s)}{C} + v_C(0)\right] = 0$$

(4) 代入初值 $\Rightarrow I(s) + sI(s) - 1 + \dfrac{I(s)}{s} = 0$

(5) 解出 $I(s) \Rightarrow I(s)\left[1 + s + \dfrac{1}{s}\right] = 1$

$$\Rightarrow I(s) = \frac{s}{s^2 + s + 1}$$

$$= \frac{(s+\frac{1}{2})}{(s+\frac{1}{2})^2 + (\frac{\sqrt{3}}{2})^2} - \frac{\frac{1}{2}}{(s+\frac{1}{2})^2 + (\frac{\sqrt{3}}{2})^2}$$

(6) 解出 $L^{-1}[I(s)] = i(t)$

$$\Rightarrow i(t) = L^{-1}[I(s)] = \left[\cos(\frac{\sqrt{3}}{2}t) - \frac{1}{\sqrt{3}}\sin(\frac{\sqrt{3}}{2}t)\right] \cdot e^{-\frac{1}{2}t}$$

例 4 求電流源〔$I_0(t) = \sin(t)$〕與 $R = 1\Omega$、$L = 1\text{H}$ 和 $C = 1\text{F}$ 並聯的並聯電壓，其中 $i_L(0) = 0$ 且 $v_C(0) = 0$。

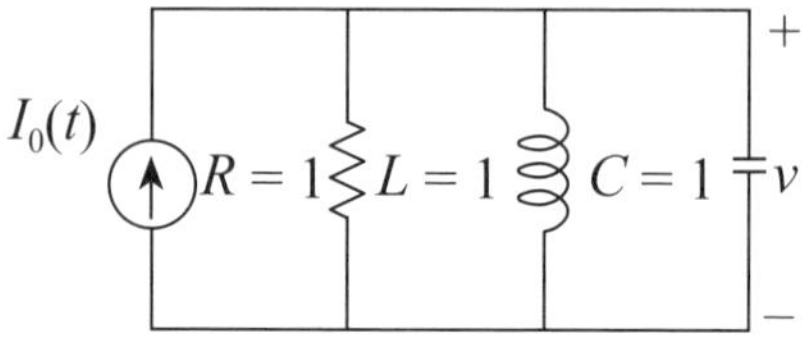

$I_0(t)$　$R = 1$　$L = 1$　$C = 1$　v　+　−

解 (1) 由 KCL 知，$i_R(t) + i_L(t) + i_C(t) = I_0(t)$

(2) 取拉氏轉換 $\Rightarrow I_R(s) + I_L(s) + I_C(s) = I_0(s)$

(3)（以電壓列出方程式）

$$\Rightarrow \frac{V(s)}{R} + \frac{1}{s}\left[\frac{V(s)}{L} + i_L(0)\right] + C[sV(s) - v_C(0)] = L(\sin t)$$

(4) 代入初值 $\Rightarrow V(s) + \dfrac{V(s)}{s} + sV(s) = \dfrac{1}{s^2+1}$

(5) 解出 $V(s)$

$$\Rightarrow V(s) = \frac{s}{(s^2+s+1)(s^2+1)} = \frac{-1}{s^2+s+1} + \frac{1}{s^2+1}$$

$$= \frac{-\frac{2}{\sqrt{3}} \cdot \frac{\sqrt{3}}{2}}{(s+\frac{1}{2})^2 + \left(\frac{\sqrt{3}}{2}\right)^2} + \frac{1}{s^2+1}$$

(6) 解出 $L^{-1}[V(s)] = v(t)$

$$\Rightarrow v(t) = L^{-1}\left[V(s)\right]$$

$$= -\frac{2}{\sqrt{3}}e^{-\frac{1}{2}t}\sin\left(\frac{\sqrt{3}}{2}t\right) + \sin(t)$$

習題 15：求下列電路的電壓值或電流值：

(1) 求電流源〔$I_0 = \sin(t)$〕與 $R = 1\Omega$ 和 $C = 1\text{F}$ 並聯電路的電壓，其中 $v_C(0) = 0$。

解　$v(t) = 0.5e^{-t} - 0.5\cos(t) + 0.5\sin(t)$

(2) 求電壓源（$V_0 = t$）與 $R = 1\Omega$ 和 $C = 1\text{F}$ 串聯電路的電流，其中 $v_C(0) = 0$。

解　$i(t) = 1 - e^{-t}$

(3) 求 $R = 1\Omega$、$L = 1\text{H}$ 和 $C = 1\text{F}$ 並聯（沒有電源）電路的電壓，其中 $i_L(0) = 0$ 且 $v_C(0) = 1$。

解　$$v(t) = \left[\cos(\frac{\sqrt{3}}{2}t) - \frac{1}{\sqrt{3}}\sin(\frac{\sqrt{3}}{2}t)\right]\cdot e^{-\frac{1}{2}t}$$

(4) 求電壓源〔$V_0 = \sin(t)$〕與 $R = 1\Omega$、$L = 1\text{H}$ 和 $C = 1\text{F}$ 串聯電路的電流，其中 $i_L(0) = 0$ 且 $v_C(0) = 0$。

解　$$i(t) = -\frac{2}{\sqrt{3}}e^{-\frac{1}{2}t}\sin\left(\frac{\sqrt{3}}{2}t\right) + \sin(t)$$

3.5 拉氏轉換在積分上的應用

• 第 16 式：拉氏轉換在積分上的應用

■若要求積分 $\int_0^\infty e^{-at} f(t)dt$，$a>0$ 時，（其中：積分上下限是從 0 積到 ∞，被積分項有 e^{-at}，$a>0$)，此種積分可用拉氏轉換來解。

其做法為：

(1) 先將其 a 改成 s，即先求 $\int_0^\infty e^{-st} f(t)dt$

(2) 用拉氏轉換的公式，將其值求出來，即

$$\int_0^\infty e^{-st} f(t)dt = L[f(t)] = F(s)$$

(3) 再將 s 改成 a，即 $\int_0^\infty e^{-at} f(t)dt = F(a)$（即：$F(s)$ 的 s 用 a 代入），可求出此積分

例 1 求 $\int_0^\infty e^{-t}\sin 2tdt$

解 (1) 先求 $\int_0^\infty e^{-st}\sin 2tdt = L(\sin 2t) = \dfrac{2}{s^2+4}$

(2) $s=1$ 代入 (1) 式 $\Rightarrow \int_0^\infty e^{-t}\sin 2tdt = \dfrac{2}{1^2+4} = \dfrac{2}{5}$

另解 也可用分部積分法來解

$$\int e^{-t}\sin 2tdt = -e^{-t}\sin 2t + 2\int e^{-t}\cos 2tdt \cdots\cdots(a)$$

而 $\int e^{-t}\cos 2tdt = -e^{-t}\cos 2t - 2\int e^{-t}\sin 2tdt$（代入(a)式）

$$(a) \Rightarrow \int e^{-t}\sin 2tdt = -e^{-t}\sin 2t + 2\left[-e^{-t}\cos 2t - 2\int e^{-t}\sin 2tdt\right]$$

$$\Rightarrow 5\int e^{-t}\sin 2tdt = -e^{-t}\sin 2t - 2e^{-t}\cos 2t$$

（代入積分上下限）

$$\Rightarrow 5\int_0^\infty e^{-t}\sin 2tdt = [-e^{-t}\sin 2t - 2e^{-t}\cos 2t]_0^\infty$$

$$= [-0-0]-[-0-2] = 2$$

$$\Rightarrow \int_0^\infty e^{-t}\sin 2t dt = \frac{2}{5}$$（與前面答案同）

例 2 由第六式例 3 的結果，求 $\int_0^\infty e^{-2t}t^2 \sin t dt$

解 (1) 由第六式例 3 知，$L(t^2\sin t) = \dfrac{6s^2-2}{(s^2+1)^3} = F(s)$

(2) $s=2$ 代入 (1) 式 $\Rightarrow \int_0^\infty e^{-2t}t^2\sin t dt = \dfrac{6\cdot 2^2-2}{(2^2+1)^3} = \dfrac{22}{125}$

習題：求下列的積分

(1) $\int_0^\infty e^{-3t} t\sin 2t dt$

解 $\dfrac{12}{169}$

(2) $\int_0^\infty \dfrac{e^{-t}\sin t}{t} dt$（用第七式例 1 的結果解）

解 $\dfrac{\pi}{2} - \tan^{-1}1 = \dfrac{\pi}{4}$

第 4 篇

傅立葉級數與轉換

By Louis-Léopold Boilly - https://www.gettyimages.com.au/license/169251384, Public Domain, https://commons.wikimedia.org/w/index.php?curid=3308441

傅立葉（Jean Baptiste Joseph Fourier）

傅立葉出生於法國的歐塞爾，可以說一生都是爲科學而努力。傅立葉很早就表現出對於科學和物理方面的興趣。1807年，他寫出了關於熱傳導的一篇論文，期望得到巴黎科學院的重視，但是被拒絕了，然而他沒有放棄，做了修改，後來竟然獲得了科學院的大獎。之後的函數研究，更使他成爲受關注的對象。1817年，傅立葉擔任巴黎科學院的院士，他的科學研究眞正開始了，成果也非常的多，包括以他自己的名字命名的傅立葉變換和傅立葉級數，這一切的一切，都與他本人的科學態度是分不開的。也正因爲如此，1822年，傅立葉成爲巴黎科學院的終身祕書。

出處：https://kknews.cc/zh-tw/news/o9v9e5.html

■ 本章將介紹傳立葉級數、傳立葉積分和傳立葉轉換。其中：

(1) 傳立葉級數是將週期函數表示成由多個（或無窮多個）不同頻率的正弦函數和餘弦函數的線性組合，這些不同的頻率是不連續的，例如：若傳立葉級數

$$f(x)=\frac{1}{2}+\frac{2}{\pi}(\sin x+\frac{1}{3}\sin 3x+\frac{1}{5}\sin 5x+\cdots\cdots)$$

其 sin 內的 x、$3x$、$5x$ 是不連續的。

(2) 傳立葉積分是將傳立葉級數延伸到非週期函數，但這些不同的頻率是連續的，例如：若傳立葉積分

$$f(x)=\frac{2}{\pi}\int_0^{\infty}\frac{\cos(wx)\sin(w)}{w}dw$$

其 cos 內的 wx 是連續的（因 w 積分從 0 積到 ∞）。

(3) 傳立葉轉換是將函數轉換成另一種形式，以方便某些領域的計算。

■ 本章傳立葉級數（第二式到第六式）內容爲：

第二式：傳立葉級數：週期爲 2π 的函數，求其傳立葉級數。

第三式：偶函數與奇函數的傳立葉級數：此節的目的是要簡化計算傳立葉係數的過程。

第四式：任意週期函數之傳立葉級數：週期爲 $2L$ 的函數（註：L 是半週期），求其傳立葉級數。

第五式：半週期展開：已知「半週期」函數，求其傳立葉級數。

第六式：複數傳立葉級數：也可以用複數的方法來求傳立葉級數，其與用前面的方法求出來的答案相同。

■本章傳立葉積分（第七式）內容爲：

第七式：傳立葉積分：若函數 $f(x)$ 爲非週期性函數或考慮整個 x 軸時，就要使用傳立葉積分。

■本章傳立葉轉換（第八式到第十式）內容爲：

第八式：傳立葉餘弦與正弦轉換。

第九式：離散傳立葉轉換：在數位影像處理或通訊系統的應用中，所處理的數據都是離散（非連續）數值，本節將介紹離散傳立葉轉換。

第十式：快速傳立葉轉換：上式離散傳立葉轉換的矩陣大小很大時，其計算時間會很長，此時可以用快速傳立葉轉換（Fast Fourier Transform, FFT）來做。

第 1 章　傅立葉級數與轉換

1.1　週期函數

• 第一式：週期函數

(1) 若函數 $f(x)$ 的定義域為實數集合 R 且存在一正數 T，使得 $f(x+T)=f(x)$，$x \in R$，則稱 $f(x)$ 為週期函數，且此正的數值 T 稱為 $f(x)$ 的週期。

(2) 若 $f(x)$ 和 $g(x)$ 的週期均為 T 且 a, b 為常數，則 $h(x) = af(x) \pm bg(x)$ 亦為週期 T 的函數。

(3) 若 $f(x)$ 的週期為 T，則 $f(kx)$ 的週期為 $\dfrac{T}{k}$。

(4) 若 $f(x)$ 的週期為 mT，$g(x)$ 的週期為 nT，則 $h(x) = af(x) \pm bg(x)$ 的週期為 m, n 的最小公倍數乘以 T。（若 m, n 為分數，則先通分後再取分子的最小公倍數）

(5) 常數函數 $f(x)=c$，亦為週期函數，其週期為任意數。

(6) 級數 $a_0 + a_1\cos x + b_1\sin x + a_2\cos 2x + b_2\sin 2x + \cdots\cdots$

$= a_0 + \sum_{n=1}^{\infty}(a_n\cos nx + b_n\sin nx)$，其中 a_0、a_1、b_1、a_2、b_2、$\cdots\cdots$ 均為常數，則此級數稱為三角級數，而 a_i、b_i 稱為此級數的係數。

(7) 三角級數的週期為 2π。

(8) 傅立葉級數是要將一個週期函數 $f(x)$ 用無窮多個正弦波和餘弦波組合起來，即

$$f(x) = a_0 + \sum_{n=1}^{\infty} a_n\cos(nkx) + b_n\sin(nkx)\text{，}k \in R$$

例 1 (1) $\sin(x)$、$\cos(x)$ 的週期均爲 2π。

(2) $\sin(2x)$、$\cos(2x)$ 的週期均爲 π。

(3) $\sin(nx)$、$\cos(nx)$ 的週期均爲 $\frac{2\pi}{n}$。

例 2 求 $\sin(x)+\cos(2x)$ 的週期？

解 (1) $\sin(x)$ 的週期為 2π

(2) $\cos(2x)$ 的週期為 $\frac{2\pi}{2}=\pi$

而 π 和 2π 的最小公倍數是 2π

所以 $\sin(x)+\cos(2x)$ 的週期是 2π。

例 3 求 $\sin(2x)+\cos(3x)$ 的週期？

解 (1) $\sin(2x)$ 的週期為 $\frac{2\pi}{2}=\pi$

(2) $\cos(3x)$ 的週期為 $\frac{2\pi}{3}$

而 $\pi=\frac{3\pi}{3}$，二週期的分子 3 和 2 的最小公倍數是 6，

所以 $\sin(2x)+\cos(3x)$ 的週期是 $\frac{6\pi}{3}=2\pi$。

例 4 求 $\sin(\frac{2\pi}{3}x)+\cos(\frac{\pi}{5}x)$ 的週期？

解 (1) $\sin(\frac{2\pi}{3}x)$的週期為$\frac{2\pi}{\frac{2\pi}{3}}=3$

(2) $\cos(\frac{\pi}{5}x)$ 的週期為 $\frac{2\pi}{\frac{\pi}{5}}=10$

3 和 10 的最小公倍數是 30，

所以 $\sin(\frac{2\pi}{3}x)+\cos(\frac{\pi}{5}x)$ 的週期是 30。

習題 1：求下列函數的週期。

(1) $\sin(2x)$。

解 π

(2) $\cos(2\pi x)$。

解 1

(3) $\tan(x)$。

解 π

(4) $\sin(x)+\sin(2x)$。

解 2π

(5) $\sin(2\pi x)+\cos(\pi x)$。

解 2

(6) $\sin(2x)+\cos(2\pi x)$。

解 無週期

(7) $1+\cos(x)+\cos(2x)$。

解 2π

(8) $\sum_{n=1}^{10}(a_n\cos nx+b_n\sin nx)$。

解 2π

1.2 週期為 2π 的傅立葉級數

• **第二式：週期爲 2π 的傅立葉級數**

(1) 若函數 $f(x)$ 是週期爲 2π 的週期函數，則其可以用下面的三角級數表示：

$$f(x) = a_0 + \sum_{n=1}^{\infty}\left(a_n \cos nx + b_n \sin nx\right)$$

(2) 在上式中，若 $f(x)$ 已知，則其 a_0、a_n、b_n 可由下法求得：

$$a_0 = \frac{1}{2\pi}\int_{-\pi}^{\pi} f(x)dx$$

$$a_n = \frac{1}{\pi}\int_{-\pi}^{\pi} f(x)\cdot \cos nxdx \text{，} n = 1, 2, 3\cdots\cdots$$

$$b_n = \frac{1}{\pi}\int_{-\pi}^{\pi} f(x)\cdot \sin nxdx \text{，} n = 1, 2, 3\cdots\cdots$$

（證明在附錄一處）

(3) 用法：要求週期爲 2π 的週期函數 $f(x)$ 的傅立葉級數時，

(a) 抄下 $f(x) = a_0 + \sum_{n=1}^{\infty}\left(a_n \cos nx + b_n \sin nx\right)$

(b) 抄下 $a_0 = \frac{1}{2\pi}\int_{-\pi}^{\pi} f(x)dx$

(c) 將題目的 $f(x)$ 代入 (b) 式

(d) 將 (b) 式積分出來，求出 a_0

(e) 重複 (b)～(d) 式，算出 a_n、b_n

(f) 最後將 a_0、a_n、b_n 代入 (a) 式

(g) a_n、b_n 求出前三項之值（$n=1,2,3$ 代入），找出其規律

(4) 若 $f(x)=a_0+\sum_{n=1}^{\infty}(a_n\cos nx+b_n\sin nx)$，則右式稱爲 $f(x)$ 的傅立葉級數，而 a_0、a_n、b_n 稱爲 $f(x)$ 的傅立葉係數。

例 1 若 $f(x)$ 的週期爲 2π，且 $f(x)=\begin{cases}0, & -\pi<x<0\\ 1, & 0<x<\pi\end{cases}$，求 $f(x)$ 的傅立葉級數。

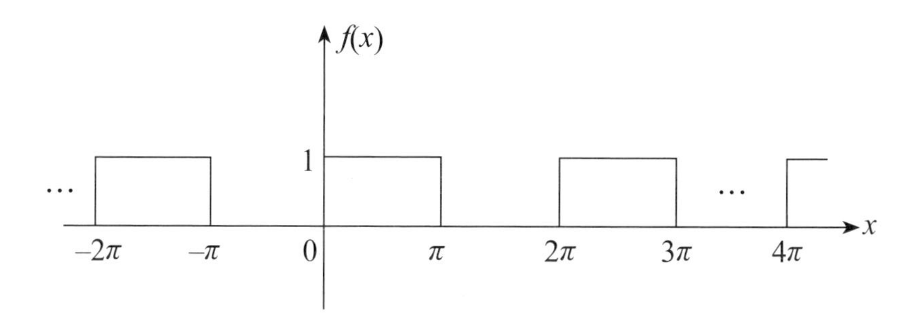

解 由傅立葉級數公式知

(1) $f(x)=a_0+\sum_{n=1}^{\infty}(a_n\cos nx+b_n\sin nx)$

(2) $a_0=\dfrac{1}{2\pi}\int_{-\pi}^{\pi}f(x)dx=\dfrac{1}{2\pi}\left(\int_{-\pi}^{0}0\cdot dx+\int_{0}^{\pi}1\cdot dx\right)=\dfrac{1}{2}$

(3) $a_n=\dfrac{1}{\pi}\int_{-\pi}^{\pi}f(x)\cdot\cos nxdx$

$$=\frac{1}{\pi}\left[\int_{-\pi}^{0}0\cdot\cos nxdx+\int_{0}^{\pi}1\cdot\cos nxdx\right]$$

$$=\frac{1}{n\pi}\left[\sin nx\Big|_{x=0}^{\pi}\right]=\frac{1}{n\pi}[\sin n\pi-\sin 0]=0$$

（註：n 是正整數，不論 n 是何值，$\sin n\pi$ 均為 0）

(4) $b_n = \dfrac{1}{\pi}\displaystyle\int_{-\pi}^{\pi} f(x)\cdot \sin nx dx$

$$= \frac{1}{\pi}\left[\int_{-\pi}^{0} 0\cdot \sin nx dx + \int_{0}^{\pi} 1\cdot \sin nx dx\right]$$

$$= \frac{-1}{n\pi}\left[\cos nx\Big|_{x=0}^{\pi}\right] = \frac{-1}{n\pi}(\cos n\pi - 1)$$

(5) 所以 $f(x)$ 的傅立葉級數為

$$f(x) = a_0 + \sum_{n=1}^{\infty}(a_n \cos nx + b_n \sin nx)$$

$$= \frac{1}{2} + \sum_{n=1}^{\infty}\left(0\cdot \cos nx - \frac{1}{n\pi}(\cos n\pi - 1)\sin nx\right)$$

$$= \frac{1}{2} + \sum_{n=1}^{\infty}\frac{1}{n\pi}(1-\cos n\pi)\sin nx$$

(6) n 代前 3 項（可找出其規律性）

(a) 當 $n = 1$，則 $b_1 = \dfrac{-1}{\pi}(\cos\pi - 1) = \dfrac{-1}{\pi}(-1-1) = \dfrac{2}{\pi}$

(b) 當 $n = 2$，則 $b_2 = \dfrac{-1}{2\pi}(\cos 2\pi - 1) = \dfrac{-1}{2\pi}(1-1) = 0$

(c) 當 $n = 3$，則 $b_3 = \dfrac{-1}{3\pi}(\cos 3\pi - 1) = \dfrac{-1}{3\pi}(-1-1) = \dfrac{2}{3\pi}$

(7) 所以 $f(x) = \dfrac{1}{2} + \dfrac{2}{\pi}\left(\sin x + \dfrac{1}{3}\sin 3x + \dfrac{1}{5}\sin 5x + \cdots\cdots\right)$

例 2　若 $f(x)$ 的週期爲 2π，且 $f(x) = \begin{cases} -k, & -\pi < x < 0 \\ k, & 0 < x < \pi \end{cases}$，求 $f(x)$ 的傅立葉級數。

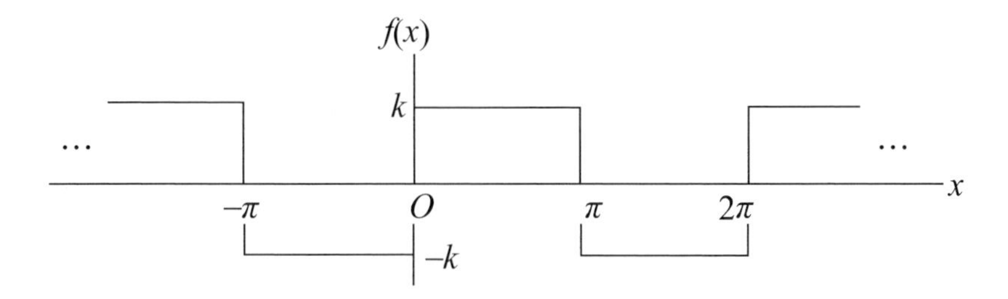

解 由傅立葉級數公式知

(1) $f(x) = a_0 + \sum_{n=1}^{\infty}\left(a_n \cos nx + b_n \sin nx\right)$

(2) $a_0 = \frac{1}{2\pi}\int_{-\pi}^{\pi} f(x)dx = \frac{1}{2\pi}\left(\int_{-\pi}^{0}(-k)dx + \int_{0}^{\pi} kdx\right)$

$$= \frac{1}{2\pi}\left[(-kx)\Big|_{x=-\pi}^{0} + kx\Big|_{x=0}^{\pi}\right] = 0$$

(3) $a_n = \frac{1}{\pi}\int_{-\pi}^{\pi} f(x)\cdot \cos nxdx$

$$= \frac{1}{\pi}\left[\int_{-\pi}^{0}(-k)\cos nxdx + \int_{0}^{\pi} k\cdot \cos nxdx\right]$$

$$= \frac{1}{\pi}\left[(-k)\frac{\sin nx}{n}\Big|_{x=-\pi}^{0} + k\cdot \frac{\sin nx}{n}\Big|_{x=0}^{\pi}\right] = 0$$

(4) $b_n = \frac{1}{\pi}\int_{-\pi}^{\pi} f(x)\cdot \sin nxdx$

$$= \frac{1}{\pi}\left[\int_{-\pi}^{0}(-k)\sin nxdx + \int_{0}^{\pi} k\cdot \sin nxdx\right]$$

$$= \frac{1}{\pi}\left[(k)\frac{\cos nx}{n}\Big|_{x=-\pi}^{0} - k\cdot \frac{\cos nx}{n}\Big|_{x=0}^{\pi}\right]$$

$$=\frac{1}{\pi}\left[\frac{k}{n}\left(\cos 0-\cos(-n\pi)\right)-\frac{k}{n}\left(\cos n\pi-\cos 0\right)\right]$$

因 $\cos(-\theta)=\cos(\theta)$，且 $\cos 0=1$

所以 $b_n=\frac{2k}{n\pi}\left(1-\cos n\pi\right)$

(5) 所以 $f(x)$ 的傅立葉級數為

$$f(x)=a_0+\sum_{n=1}^{\infty}\left(a_n\cos nx+b_n\sin nx\right)$$

$$=0+\sum_{n=1}^{\infty}\left(0\cdot\cos nx+\frac{2k}{n\pi}(1-\cos n\pi)\sin nx\right)$$

$$=\sum_{n=1}^{\infty}\frac{2k}{n\pi}(1-\cos n\pi)\sin nx$$

(6) n 代 3 項（可找出其規律性）

即 $b_1=\frac{4k}{\pi}$、$b_2=0$、$b_3=\frac{4k}{3\pi}$

(7) 故 $f(x)$ 的傅立葉級數為

$$f(x)=\frac{4k}{\pi}\left(\sin x+\frac{1}{3}\sin 3x+\frac{1}{5}\sin 5x+\cdots\cdots\right)$$

註：下頁圖中（只繪出一週期的圖形），

圖 (a) 實線繪出 $f(x)=\begin{cases}-k, & -\pi<x<0\\ k, & 0<x<\pi\end{cases}$ 和

$S_1=\frac{4k}{\pi}\left(\sin x\right)$ 二函數一個週期圖。

圖 (b) 實線繪出 $f(x)=\begin{cases}-k, & -\pi<x<0\\ k, & 0<x<\pi\end{cases}$ 和

$S_2=\frac{4k}{\pi}\left(\sin x+\frac{1}{3}\sin 3x\right)$ 二函數一個週期圖。

圖 (c) 實線繪出 $f(x)=\begin{cases}-k, & -\pi<x<0\\ k, & 0<x<\pi\end{cases}$ 和

$S_3=\dfrac{4k}{\pi}\left(\sin x+\dfrac{1}{3}\sin 3x+\dfrac{1}{5}\sin 5x\right)$ 二函數一個週期圖。

由上可知，當 $f(x)$ 傅立葉級數的項數越多時，其圖形就越接近原圖。

(a)

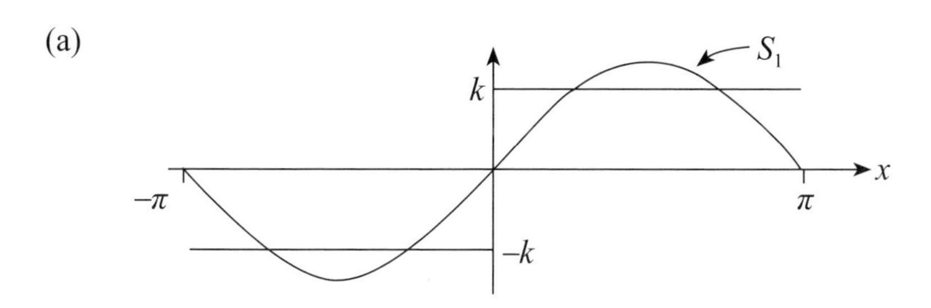

(b)

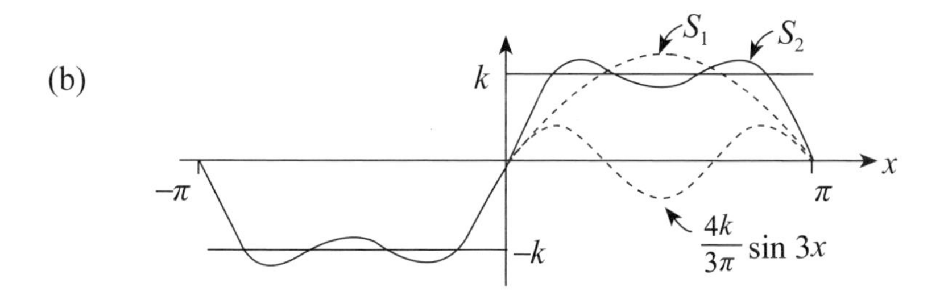

(c)

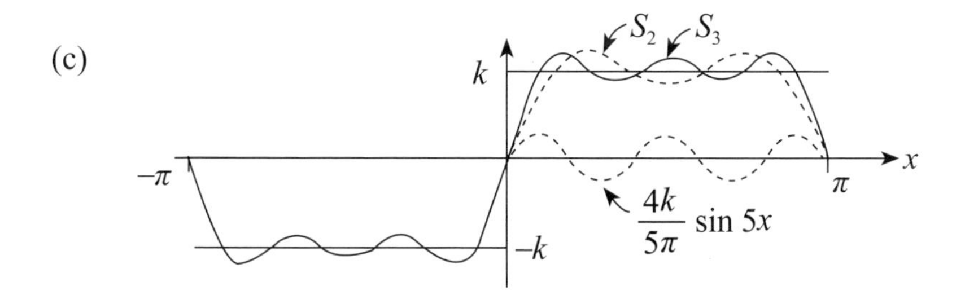

例 3 利用例 2 的結果，證明 $\frac{\pi}{4}=1-\frac{1}{3}+\frac{1}{5}-\frac{1}{7}+\cdots\cdots$。

做法　此種題型大多是將 x 代 0，$\pm\frac{\pi}{2}$ 或 $\pm\pi$ 進去，看傅立葉級數是否變成題目的形式

解　(1) 因 $f(x)=\begin{cases}-k, & -\pi<x<0\\ k, & 0<x<\pi\end{cases}$

其傅立葉級數 $f(x)=\frac{4k}{\pi}\left(\sin x+\frac{1}{3}\sin 3x+\frac{1}{5}\sin 5x+\cdots\cdots\right)$，

(2) x 用 $\frac{\pi}{2}$ 代入，

（註：$\frac{\pi}{2}$ 介於 0 和 π 之間，所以 $f\left(\frac{\pi}{2}\right)=k$）

得 $f\left(\frac{\pi}{2}\right)=k=\frac{4k}{\pi}\left(1-\frac{1}{3}+\frac{1}{5}-\frac{1}{7}+\cdots\cdots\right)$

$\Rightarrow \frac{\pi}{4}=1-\frac{1}{3}+\frac{1}{5}-\frac{1}{7}+\cdots\cdots$

習題 2：下列函數的週期均爲 2π，求其傅立葉級數。

(1) $f(x)=\begin{cases}-4, & -\pi<x<0\\ 4, & 0<x<\pi\end{cases}$。

解　$f(x)=\sum_{n=1}^{\infty}\frac{8}{n\pi}(1-\cos n\pi)\sin nx$

$=\sum_{n=1}^{\infty}\left(\frac{16}{(2n-1)\pi}\sin(2n-1)x\right)$

(2) $f(x)=\begin{cases}1, & -\pi<x<0\\ 2, & 0<x<\pi\end{cases}$。

解　$f(x)=\frac{3}{2}+\sum_{n=1}^{\infty}\frac{1}{n\pi}(1-\cos n\pi)\sin nx$

$=\frac{3}{2}+\sum_{n=1}^{\infty}\left(\frac{2}{(2n-1)\pi}\sin(2n-1)x\right)$

(3) $f(x)=x$，$(-\pi<x<\pi)$。

解 $$f(x)=\sum_{n=1}^{\infty}-\frac{2}{n}\cos(n\pi)\cdot\sin(nx)$$

$$=\frac{2}{1}\sin(x)+\frac{-2}{2}\sin(2x)+\frac{2}{3}\sin(3x)$$

$$+\frac{-2}{4}\sin(4x)+\cdots\cdots$$

(4) $f(x)=\begin{cases}0, & -\pi<x<0\\ x, & 0<x<\pi\end{cases}$。

解 $$f(x)=\frac{\pi}{4}+\sum_{n=1}^{\infty}\left(\frac{1}{n^2\pi}(\cos(n\pi)-1)\cos nx\right.$$

$$\left.+\frac{-1}{n}\cos n\pi\sin nx\right)$$

(5) $f(x)=\begin{cases}1, & -\pi/2<x<\pi/2\\ 0, & \pi/2<x<3\pi/2\end{cases}$。

解 $$f(x)=\frac{1}{2}+\sum_{n=1}^{\infty}\left(\frac{2}{n\pi}\sin\frac{n\pi}{2}\cos nx\right)$$

(6) 利用習題 (5) 的結果，證明：

$$\frac{\pi}{4}=1-\frac{1}{3}+\frac{1}{5}-\frac{1}{7}+\cdots\cdots。$$

(7) $f(x)=x^2$，$-\pi\le x<\pi$，求 $f(x)$ 的傅立葉級數。

解 $$f(x)=\frac{\pi^2}{3}+\sum_{n=1}^{\infty}\left(\frac{4}{n^2}\cos n\pi\cdot\cos nx\right)$$

(8) 利用習題 (7) 的結果，證明：

(a) $1+\frac{1}{2^2}+\frac{1}{3^2}+\frac{1}{4^2}+\cdots\cdots=\frac{\pi^2}{6}$；（註：$x$ 用 $-\pi$ 代入）

(b) $1-\frac{1}{2^2}+\frac{1}{3^2}-\frac{1}{4^2}+\cdots\cdots=\frac{\pi^2}{12}$。（註：$x$ 用 0 代入）

1.3 偶函數與奇函數的傅立葉級數

• 第三式：偶函數與奇函數的傅立葉級數

(0) 此節的目的是要簡化計算傅立葉係數的過程。

(1) 若函數 $f(x)$ 滿足 $f(-x)=f(x)$，則 $f(x)$ 稱爲偶函數，例如：x^2，$\cos(x)$ 等，或圖形沿 y 軸對摺，左右二邊圖形會重疊在一起，如下圖。

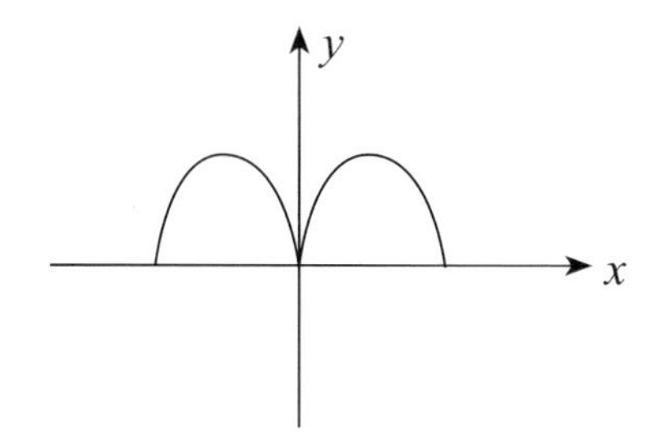

(2) 若函數 $g(x)$ 滿足 $g(-x)=-g(x)$，則 $g(x)$ 稱爲奇函數，例如：x^3，$\sin(x)$ 等，或圖形沿 y 軸對摺，再沿 x 軸對摺，右上圖形與左下圖形會重疊在一起，如下圖。

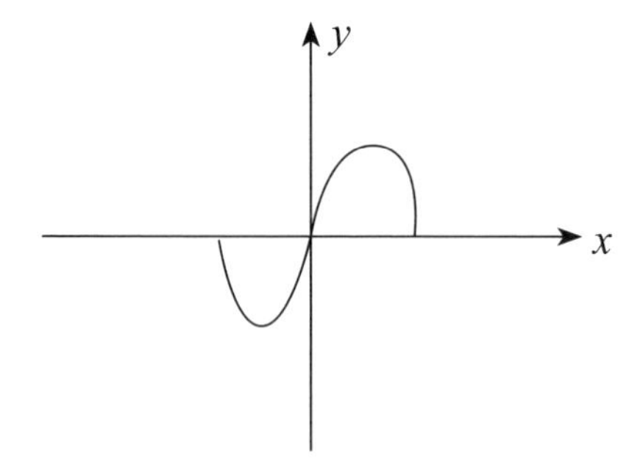

(3) (a) 偶函數與偶函數的乘積爲偶函數，
例如：$x^2 \cdot x^4 = x^6$ 爲偶函數；

(b) 偶函數與奇函數的乘積爲奇函數，
例如：$x^2 \cdot x^1 = x^3$ 爲奇函數；
(c) 奇函數與奇函數的乘積爲偶函數，
例如：$x^1 \cdot x^3 = x^4$ 爲偶函數。

(4) 偶函數積分積一個週期等於積半個週期的 2 倍，即若函數 $f(x)$ 是週期爲 2π 的偶函數，則 $\int_{-\pi}^{\pi} f(x)dx = 2\int_{0}^{\pi} f(x)dx$。
（見第 (1) 點圖形，積分是求曲線下的面積，而圖形左右二面積相同）

(5) 奇函數積分積一個週期的值爲 0，即若函數 $g(x)$ 是週期爲 2π 的奇函數，則 $\int_{-\pi}^{\pi} g(x)dx = 0$。
（見第 (2) 點圖形，曲線右上圖和左下圖面積相同，但正負符號相反）

(6) 若函數 $f(x)$ 是週期爲 2π 的週期函數，且爲偶函數，則
(a) $f(x)$ 和 $f(x)\cos nx$ 爲偶函數，其積分積一個週期值等於積半個週期的 2 倍；
(b) $f(x)\sin nx$ 爲奇函數，其積分積一個週期值爲 0。
所以 $f(x)$ 的傅立葉級數爲

$$f(x) = a_0 + \sum_{n=1}^{\infty}\left(a_n \cos nx\right)$$

其中：$a_0 = \dfrac{1}{2\pi}\displaystyle\int_{-\pi}^{\pi} f(x)dx = \dfrac{1}{\pi}\int_{0}^{\pi} f(x)dx$

$$a_n = \frac{1}{\pi}\int_{-\pi}^{\pi} f(x)\cdot \cos nx dx$$

$$= \frac{2}{\pi}\int_{0}^{\pi} f(x)\cdot \cos nx dx,\ n = 1, 2, 3, \cdots\cdots$$

（二種積分均可用）

$$b_n = 0$$

(7) 若函數 $f(x)$ 是週期爲 2π 的週期函數，且爲奇函數，則

(a) $f(x)$ 和 $f(x)\cos nx$ 爲奇函數，其積分積一個週期值爲 0；

(b) $f(x)\sin nx$ 爲偶函數，其積分積一個週期值等於積半個週期的 2 倍。

所以 $f(x)$ 的傅立葉級數爲

$$f(x)=\sum_{n=1}^{\infty}\left(b_n \sin nx\right),$$

其中：$b_n=\dfrac{1}{\pi}\displaystyle\int_{-\pi}^{\pi} f(x)\cdot\sin nx dx$

$$=\frac{2}{\pi}\int_{0}^{\pi} f(x)\cdot\sin nx dx,\ n=1,2,3,\cdots\cdots$$

（二種積分均可用）

$a_0=0$，$a_n=0$

例 1　若 $f(x)$ 的週期爲 2π，且 $f(x)=\begin{cases}1, & -\pi/2<x<\pi/2\\ 0 & \pi/2<x<3\pi/2\end{cases}$，求其傅立葉級數。

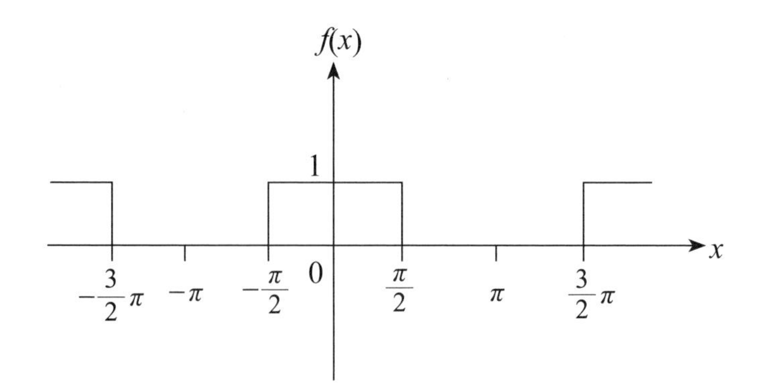

解 $f(x)$ 可改寫成 $f(x)=\begin{cases}0, & -\pi<x<-\frac{\pi}{2}\\ 1, & -\frac{\pi}{2}<x<\frac{\pi}{2}\\ 0, & \frac{\pi}{2}<x<\pi\end{cases}$，

因它是偶函數，所以

(1) $f(x)=a_0+\sum_{n=1}^{\infty}\left(a_n\cos nx\right)$

(2) $a_0=\frac{1}{\pi}\int_0^{\pi}f(x)dx=\frac{1}{\pi}\left(\int_0^{\frac{\pi}{2}}1\,dx+\int_{\frac{\pi}{2}}^{\pi}0\,dx\right)=\frac{1}{\pi}\cdot(\frac{\pi}{2}-0)=\frac{1}{2}$

(3) $a_n=\frac{2}{\pi}\int_0^{\pi}f(x)\cdot\cos nxdx$

$$=\frac{2}{\pi}\left(\int_0^{\frac{\pi}{2}}1\cdot\cos nxdx+\int_{\frac{\pi}{2}}^{\pi}0\cdot\cos nxdx\right)$$

$$=\frac{2}{\pi}\cdot\frac{1}{n}\sin nx\,\Big|_{x=0}^{\frac{\pi}{2}}=\frac{2}{n\pi}\sin\frac{n\pi}{2}$$

(4) $f(x)=a_0+\sum_{n=1}^{\infty}\left(a_n\cos nx\right)$

$$=\frac{1}{2}+\sum_{n=1}^{\infty}\frac{2}{n\pi}\sin(\frac{n\pi}{2})\cdot\cos(nx)$$

（$n=1, 2, 3, 4, 5$ 代入）

$$=\frac{1}{2}+\frac{2}{\pi}\cdot\cos(x)-\frac{2}{3\pi}\cdot\cos(3x)+\frac{2}{5\pi}\cdot\cos(5x)+\cdots\cdots$$

例 2 $f(x)$ 的週期為 2π，且 $f(x)=\begin{cases}-1, & -\pi<x<0\\ 1 & 0<x<\pi\end{cases}$，求其傅立葉級數。

解　函數 $f(x)$ 為奇函數，所以 $f(x)$ 的傅立葉級數為

(1) $f(x)=\sum_{n=1}^{\infty}\left(b_n \sin nx\right)$

(2) $b_n=\frac{2}{\pi}\int_0^{\pi} f(x)\cdot \sin nx dx$

$=\frac{2}{\pi}\int_0^{\pi} 1\cdot \sin nx dx$

$=\frac{2}{\pi}\cdot\frac{-1}{n}\cos nx \Big|_0^{\pi}$

$=\frac{-2}{n\pi}\left(\cos(n\pi)-1\right)$

(3) 所以 $f(x)=\sum_{n=1}^{\infty}\left(b_n \sin nx\right)$

$=\sum_{n=1}^{\infty}\left[\frac{-2}{n\pi}\left(\cos(n\pi)-1\right)\cdot \sin(nx)\right]$

（$n=1, 2, 3, 4, 5$ 代入）

$=\frac{4}{\pi}\sin(x)+\frac{4}{3\pi}\sin(3x)+\frac{4}{5\pi}\sin(5x)+\cdots\cdots$

習題 3：下列函數的週期均爲 2π，求其傅立葉級數：

(1) 鋸齒波 $f(x)=x$，$-\pi<x<\pi$。

解　$f(x)=\sum_{n=1}^{\infty}\left(\frac{-2}{n}\cos n\pi\cdot \sin nx\right)$

$=2\left(\sin x-\frac{1}{2}\sin 2x+\frac{1}{3}\sin 3x-\cdots\cdots\right)$

(2) $f(x)=\begin{cases}-x, & -\pi<x<0\\ x, & 0<x<\pi\end{cases}$。

解　$f(x)=\frac{\pi}{2}+\sum_{n=1}^{\infty}\left(\frac{2}{n^2\pi}(\cos(n\pi)-1)\cos nx\right)$

(3) 若 $f(x)=|\sin(x)|$，求其傅立葉級數（底下附計算過程）。

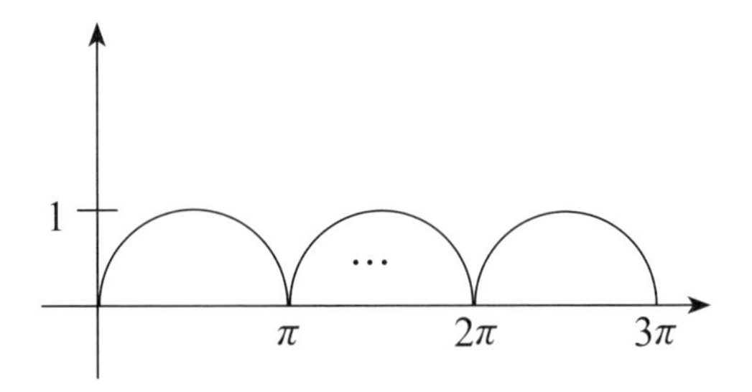

解 因 $f(x)=|\sin(x)|$ 爲偶函數，所以其傅立葉級數爲

$$f(x)=a_0+\sum_{n=1}^{\infty}\left(a_n\cos nx\right)$$

$$a_0=\frac{1}{\pi}\int_0^{\pi}f(x)dx=\frac{1}{\pi}\int_0^{\pi}\sin xdx=\frac{1}{\pi}\left(-\cos x\right)\Big|_0^{\pi}=\frac{2}{\pi}$$

$$a_n=\frac{2}{\pi}\int_0^{\pi}f(x)\cdot\cos nxdx=\frac{2}{\pi}\int_0^{\pi}\sin x\cdot\cos nxdx$$

$$=\frac{1}{\pi}\int_0^{\pi}\left[\sin(n+1)x-\sin(n-1)x\right]dx$$

$$=\frac{1}{\pi}\left[\frac{-\cos(n+1)x}{n+1}-\frac{-\cos(n-1)x}{n-1}\right]\Bigg|_0^{\pi}$$

$$=-\frac{1}{\pi}\left[\left(\frac{\cos(n+1)\pi}{n+1}-\frac{\cos(n-1)\pi}{n-1}\right)-\left(\frac{1}{n+1}-\frac{1}{n-1}\right)\right]$$

$$=-\frac{1}{\pi}\left[\left(\frac{\cos n\pi\cdot\cos\pi-\sin n\pi\cdot\sin\pi}{n+1}\right.\right.$$

$$\left.\left.-\frac{\cos n\pi\cdot\cos\pi+\sin n\pi\cdot\sin\pi}{n-1}\right)-\left(\frac{1}{n+1}-\frac{1}{n-1}\right)\right]$$

$$=-\frac{1}{\pi}\left[\left(\frac{-\cos n\pi}{n+1}-\frac{-\cos n\pi}{n-1}\right)-\left(\frac{1}{n+1}-\frac{1}{n-1}\right)\right]$$

$$=-\frac{1}{\pi}\left[-\cos n\pi\left(\frac{1}{n+1}-\frac{1}{n-1}\right)-\left(\frac{1}{n+1}-\frac{1}{n-1}\right)\right]$$

$$= -\frac{2}{\left(n^2-1\right)\pi}\cdot\left(\cos n\pi + 1\right)$$（當 $n \neq 1$）

當 $n = 1 \Rightarrow \lim\limits_{n\to 1} -\frac{2}{\left(n^2-1\right)\pi}\cdot\left(\cos n\pi + 1\right)$

$$= \lim_{n\to 1}\frac{2\cdot(-n\sin n\pi)}{2n\pi} = 0$$（分子分母微分）

〔或 $a_1 = \frac{2}{\pi}\int_0^{\pi}\sin x\cdot\cos x dx = \frac{1}{\pi}\int_0^{\pi}\left[\sin(2x)\right]dx = 0$〕

所以 $a_n = \begin{cases} 0, & n = 1,3,5,\cdots\cdots \\ -\frac{4}{(n^2-1)\pi}, & n = 2,4,6,\cdots\cdots \end{cases}$

即 $f(x) = a_0 + \sum\limits_{n=1}^{\infty}\left(a_n\cos nx\right)$

$$= \frac{2}{\pi} + \sum_{n=1}^{\infty} -\frac{2}{(n^2-1)\pi}[\cos(n\pi)+1]\cdot\cos nx$$

$$= \frac{2}{\pi} - \frac{4}{\pi}\left[\frac{\cos 2x}{3} + \frac{\cos 4x}{15} + \frac{\cos 6x}{35} + \cdots\cdots\right]$$

1.4 任意週期函數之傅立葉級數

• **第四式：任意週期函數之傅立葉級數**

(1) 週期爲 $2L$ 的週期函數 $f(x)$（註：L 是半週期），其傅立葉級數爲：

$$f(x)=a_0+\sum_{n=1}^{\infty}\left(a_n\cos(n\cdot\frac{\pi}{L}x)+b_n\sin(n\cdot\frac{\pi}{L}x)\right),$$

其中：$a_0=\dfrac{1}{2L}\displaystyle\int_{-L}^{L}f(x)dx$，

$$a_n=\frac{1}{L}\int_{-L}^{L}f(x)\cos(n\cdot\frac{\pi}{L}x)dx，$$

$$b_n=\frac{1}{L}\int_{-L}^{L}f(x)\sin(n\cdot\frac{\pi}{L}x)dx$$ （證明請參附錄二）

說明：週期爲 $2L$ 的傅立葉級數，只要將週期爲 2π 的傅立葉級數做下列二項修改，

(a) 將週期 2π 的公式的所有 π 改成 L；

(b) 將 sin 和 cos 內的 x 改成 $\frac{\pi}{L}\cdot x$。

(2) 週期爲 $2L$ 的偶函數 $f(x)$，其傅立葉級數爲：

$$f(x)=a_0+\sum_{n=1}^{\infty}a_n\cos(n\cdot\frac{\pi}{L}x)，$$

其中：$a_0=\dfrac{1}{L}\displaystyle\int_0^L f(x)dx$，$a_n=\dfrac{2}{L}\displaystyle\int_0^L f(x)\cos\frac{n\pi x}{L}dx$

(3) 週期爲 $2L$ 的奇函數 $f(x)$，其傅立葉級數爲：

$$f(x)=\sum_{n=1}^{\infty}b_n\sin(n\cdot\frac{\pi}{L}x)，$$

其中：$b_n=\dfrac{2}{L}\displaystyle\int_0^L f(x)\sin\frac{n\pi x}{L}dx$

例 1　週期為 4 的 $f(t)=\begin{cases}0, & -2<t<0\\ 1, & 0<t<2\end{cases}$，求其傅立葉級數。

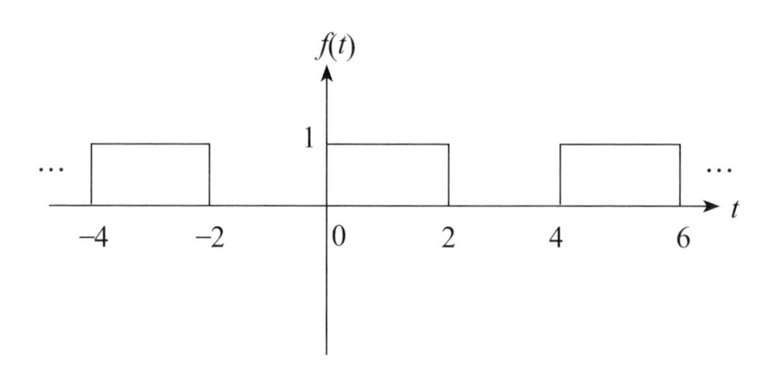

解　週期 $2L=4 \Rightarrow L=2$，所以

(1) $f(t)=a_0+\sum_{n=1}^{\infty}\left(a_n\cos(n\cdot\frac{\pi}{L}t)+b_n\sin(n\cdot\frac{\pi}{L}t)\right)$

(2) $a_0=\frac{1}{2L}\int_{-L}^{L}f(t)dt=\frac{1}{4}\int_{0}^{2}1\cdot dt=\frac{1}{2}$

(3) $a_n=\frac{1}{L}\int_{-L}^{L}f(t)\cos\frac{n\pi}{L}tdt$

$$=\frac{1}{2}\int_{0}^{2}\cos\frac{n\pi}{2}tdt=\frac{1}{2}\cdot\frac{2}{n\pi}\cdot\sin\left(\frac{n\pi t}{2}\right)\Big|_{t=0}^{2}$$

$$=\frac{1}{n\pi}[\sin(n\pi)-\sin 0]$$

$$=0$$

(4) $b_n=\frac{1}{L}\int_{-L}^{L}f(t)\sin\frac{n\pi}{L}tdt=\frac{1}{2}\int_{0}^{2}\sin\frac{n\pi}{2}tdt$

$$=\frac{1}{2}\left(-\frac{2}{n\pi}\cos\frac{n\pi\cdot t}{2}\right)\Big|_{t=0}^{2}$$

$$=\frac{1}{n\pi}(1-\cos n\pi)=\begin{cases}\frac{2}{n\pi}, & n=1,3,5\cdots\cdots\\ 0 & n=2,4,6\cdots\cdots\end{cases}$$

(5) 所以 $f(x)=a_0+\sum_{n=1}^{\infty}\left(a_n\cos(n\cdot\frac{\pi}{L}t)+b_n\sin(n\cdot\frac{\pi}{L}t)\right)$

$$=\frac{1}{2}+\sum_{n=1}^{\infty}\left(\frac{1}{n\pi}(1-\cos n\pi)\right)\left(\sin(\frac{n\pi}{2}t)\right)$$

$$=\frac{1}{2}+\frac{2}{\pi}\left(\sin\frac{\pi}{2}t+\frac{1}{3}\sin\frac{3\pi}{2}t+\cdots\cdots\right)$$

例 2 週期爲 4 的 $f(t)=\begin{cases}0, & -2<t<-1\\ k, & -1<t<1\\ 0, & 1<t<2\end{cases}$，

求其傅立葉級數。

解 週期 2L = 4 ⇒ L =2，因為它是偶函數，所以

(1) $f(t)=a_0+\sum_{n=1}^{\infty}a_n\cos(n\cdot\frac{\pi}{L}t)$

(2) $a_0=\frac{1}{2L}\int_{-L}^{L}f(t)dt=\frac{1}{4}\int_{-1}^{1}k\cdot dt=\frac{k}{2}$(也可以積分積半個週期)

(3) $a_n=\frac{1}{L}\int_{-L}^{L}f(t)\cos\frac{n\pi}{L}tdt$

$$=\frac{1}{2}\int_{-1}^{1}k\cdot\cos\frac{n\pi}{2}tdt$$

$$=\frac{1}{2}\cdot\frac{2k}{n\pi}\cdot\sin\left(\frac{n\pi t}{2}\right)\Big|_{t=-1}^{1}$$

$$=\frac{k}{n\pi}\left[\sin\frac{n\pi}{2}-\sin\frac{-n\pi}{2}\right]$$

$$=\frac{2k}{n\pi}\sin\frac{n\pi}{2}$$ (也可以積分積半個週期)

(4) 所以 $f(t)=a_0+\sum_{n=1}^{\infty}a_n\cos(n\cdot\frac{\pi}{L}t)$

$$=\frac{k}{2}+\sum_{n=1}^{\infty}\left(\frac{2k}{n\pi}\sin\frac{n\pi}{2}\right)\left(\cos(n\cdot\frac{\pi}{2}t)\right)$$

$$=\frac{k}{2}+\frac{2k}{\pi}\left(\cos\frac{\pi}{2}t-\frac{1}{3}\cos\frac{3\pi}{2}t\right.$$

$$\left.+\frac{1}{5}\cos\frac{5\pi}{2}t-\cdots\cdots\right)$$

例 3 週期爲6的 $f(x)=\begin{cases}2, & 0<x<3\\ -2, & -3<x<0\end{cases}$，求其傅立葉級數。

解 它是週期為 6 的奇函數，$2L=6\Rightarrow L=3$，
所以其傅立葉級數為

(1) $f(x)=\sum_{n=1}^{\infty}b_n\sin(\frac{n\pi}{L}x)$

(2) $b_n=\frac{2}{L}\int_0^L f(x)\sin\frac{n\pi x}{L}dx$

$$=\frac{2}{3}\left[\int_0^3 2\sin(\frac{n\pi x}{3})dx\right]$$

$$=\frac{4}{3}\cdot\frac{3}{n\pi}\left[-\cos\frac{n\pi x}{3}\right]\Big|_{x=0}^{3}$$

$$=\frac{-4}{n\pi}[\cos(n\pi)-1]$$

$n=1, 2, 3, \cdots\cdots$ 代入得 $b_1=\frac{-4}{\pi}[\cos(\pi)-1]=\frac{8}{\pi}$，

$b_2=\frac{-4}{2\pi}[\cos(2\pi)-1]=0$，$b_3=\frac{-4}{3\pi}[\cos(3\pi)-1]=\frac{8}{3\pi}$

(3) 所以 $f(x)$ 傅立葉級數為

$$f(x)=\sum_{n=1}^{\infty}b_n\sin(\frac{n\pi}{L}x)$$

$$=\sum_{n=1}^{\infty}\frac{-4}{n\pi}\left(\cos(n\pi)-1\right)\sin\left(\frac{n\pi x}{3}\right)$$

$$=\frac{8}{\pi}\left[\sin(\frac{\pi x}{3})+\frac{1}{3}\sin(\frac{3\pi x}{3})+\frac{1}{5}\sin(\frac{5\pi x}{3})+\cdots\cdots\right]$$

習題 4：下列函數的週期爲 T，求其傅立葉級數：

(1) $f(x)=\begin{cases}-1, & -1<x<0\\ 1, & 0<x<1\end{cases}$，$T=2$。

解 $f(x)=\sum_{n=1}^{\infty}\left[\frac{-2}{n\pi}\left(\cos(n\pi)-1\right)\sin(n\pi x)\right]$

(2) $f(x)=\begin{cases}1, & -1<x<1\\ 0, & 1<x<3\end{cases}$，$T=4$。

解 $f(x)=\frac{1}{2}+\sum_{n=1}^{\infty}\left[\frac{2}{n\pi}\sin\frac{n\pi}{2}\cos(\frac{n\pi x}{2})\right]$

(3) $f(x)=\begin{cases}2, & -1<x<1\\ 1, & 1<x<3\end{cases}$，$T=4$。

解 $f(x)=\frac{3}{2}+\sum_{n=1}^{\infty}\left[\frac{2}{n\pi}\sin\frac{n\pi}{2}+\frac{2}{n\pi}\sin(n\pi)\right]\cos\frac{n\pi x}{2}$

(4) 週期爲10的 $f(x)=\begin{cases}0, & -5<x<0\\ 3, & 0<x<5\end{cases}$，求其傅立葉級數。

解 $f(x)=\frac{3}{2}+\sum_{n=1}^{\infty}\frac{-3}{n\pi}(\cos n\pi-1)\sin\frac{n\pi x}{5}$

$$=\frac{3}{2}+\frac{6}{\pi}\left[\sin(\frac{\pi x}{5})+\frac{1}{3}\sin(\frac{3\pi x}{5})+\frac{1}{5}\sin(\frac{5\pi x}{5})+\cdots\cdots\right]$$

(5) $f(x)=\begin{cases}0, & -3<x<0\\ x, & 0<x<3\end{cases}$，$T=6$。

解 $f(x)=\frac{3}{4}+\sum_{n=1}^{\infty}\left[\frac{3}{n^2\pi^2}\left(\cos n\pi-1\right)\cos(\frac{n\pi x}{3})\right.$

$$\left.+\frac{-3}{n\pi}\cos(n\pi)\sin(\frac{n\pi x}{3})\right]$$

1.5　半週期展開（或稱為半程展開）

• 第五式：半週期展開（或半程展開）

(1) 若給定「一半週期」函數，如，週期是 $2L$ 的函數 $f(x)$，只在 [0, L] 內有定義，現要將函數 $f(x)$ 的定義擴展到（$-\infty, \infty$），其擴展的方式有二種：

(a) 偶函數擴展：即先擴展到 $[-L, L]$ 一週期的「偶函數」，再擴展到（$-\infty, \infty$）

(b) 奇函數擴展：即先擴展到 $[-L, L]$ 一週期的「奇函數」，再擴展到（$-\infty, \infty$）

函數本來只定義在 $[0, L]$ 半週期內，經以上的擴展方式，週期均變爲 $2L$，稱爲「半週期展開」。

(2) 要求半週期展開的傅立葉級數時，可以使用本章第四式的方法求得，即若是偶函數擴展或奇函數擴展，則代偶函數或奇函數的傅立葉級數公式。

例 1　求下列函數的偶函數和奇函數半週期展開。

$$f(x)=\begin{cases}1, & 0<x<2/3\\ 0, & 2/3<x<2\end{cases}$$

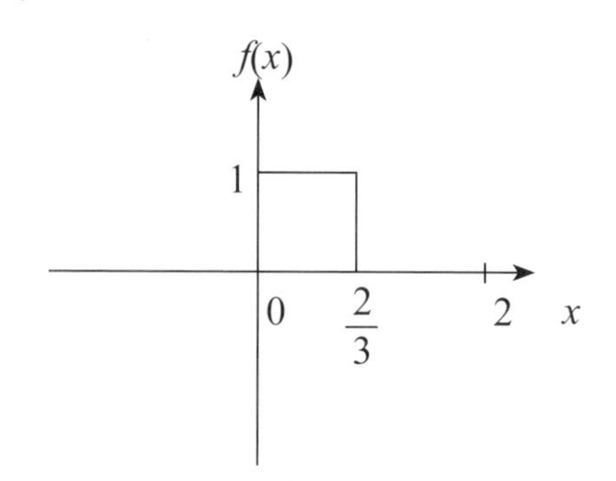

解 半週期 $L = 2$

(1) 展開成一週期（偶函數）

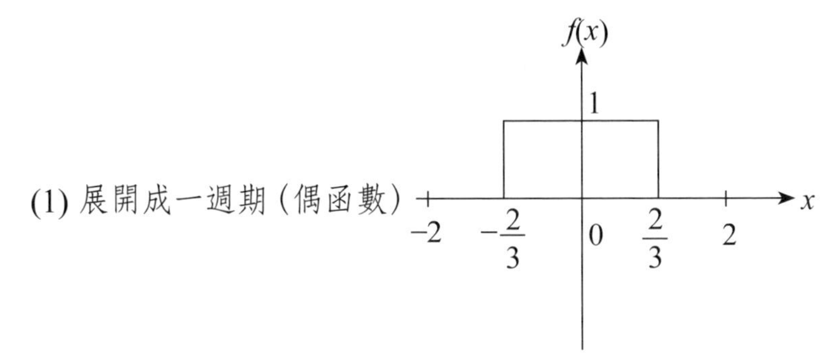

(a) 偶函數擴展 $f(x) = a_0 + \sum_{n=1}^{\infty} a_n \cos(\frac{n\pi}{L} x)$

(b) $a_0 = \frac{1}{L}\int_0^L f(x)dx = \frac{1}{2}\int_0^{\frac{2}{3}} 1dx = \frac{1}{3}$

(c) $a_n = \frac{2}{L}\int_0^L f(x)\cos\frac{n\pi x}{L}dx$

$= \frac{2}{2}\int_0^{\frac{2}{3}} 1 \cdot \cos(\frac{n\pi x}{2})dx$

$= \frac{2}{n\pi}\sin(\frac{n\pi}{3})$

$n = 1, 2, 3, \cdots\cdots$

(d) $n = 1, 2, 3, \cdots\cdots$代入，得

$a_1 = \frac{2}{\pi}\sin(\frac{\pi}{3}) = \frac{\sqrt{3}}{\pi}$、$a_2 = \frac{2}{2\pi}\sin(\frac{2\pi}{3}) = \frac{\sqrt{3}}{2\pi}$

$a_3 = \frac{2}{3\pi}\sin(\frac{3\pi}{3}) = 0$、$a_4 = \frac{2}{4\pi}\sin(\frac{4\pi}{3}) = -\frac{\sqrt{3}}{4\pi}$

$a_5 = \frac{2}{5\pi}\sin(\frac{5\pi}{3}) = -\frac{\sqrt{3}}{5\pi}$、$a_6 = \frac{2}{6\pi}\sin(\frac{6\pi}{3}) = 0$

……

(e) 所以 $f(x) = a_0 + \sum_{n=1}^{\infty} a_n \cos(\frac{n\pi}{L} x)$

$$=\frac{1}{3}+\sum_{n=1}^{\infty}\left(\frac{2}{n\pi}\sin(\frac{n\pi}{3})\right)\left(\cos(\frac{n\pi x}{2})\right)$$

$$=\frac{1}{3}+\frac{\sqrt{3}}{\pi}\cos(\frac{\pi x}{2})+\frac{\sqrt{3}}{2\pi}\cos(\frac{2\pi x}{2})$$

$$-\frac{\sqrt{3}}{4\pi}\cos(\frac{4\pi x}{2})-\frac{\sqrt{3}}{5\pi}\cos(\frac{5\pi x}{2})+\cdots\cdots$$

(2) 展開成一週期 (奇函數)

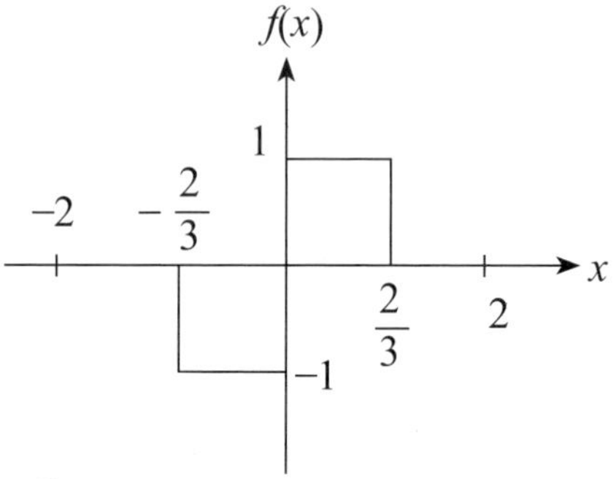

f(x)
1
−2
$-\frac{2}{3}$
$\frac{2}{3}$
2
x
−1

(a) 奇函數擴展 $f(x)=\sum_{n=1}^{\infty}b_n\sin(\frac{n\pi}{L}x)$

(b) $b_n=\frac{2}{L}\int_0^L f(x)\sin\frac{n\pi x}{L}dx=\frac{2}{2}\int_0^{\frac{2}{3}}1\cdot\sin(\frac{n\pi x}{2})\,dx$

$$=-\frac{2}{n\pi}[\cos(\frac{n\pi}{3})-1]$$

$n=1, 2, 3, \cdots\cdots$

(c) $n=1, 2, 3, \cdots\cdots$代入，得

$$b_1=-\frac{2}{\pi}[\cos(\frac{\pi}{3})-1]=\frac{1}{\pi}$$

$$b_2=-\frac{2}{2\pi}[\cos(\frac{2\pi}{3})-1]=\frac{3}{2\pi}$$

$$b_3=-\frac{2}{3\pi}[\cos(\frac{3\pi}{3})-1]=\frac{4}{3\pi}$$

$$b_4=-\frac{2}{4\pi}[\cos(\frac{4\pi}{3})-1]=\frac{3}{4\pi}$$

$$b_5 = -\frac{2}{5\pi}[\cos(\frac{5\pi}{3}) - 1] = \frac{1}{5\pi}$$

$$b_6 = -\frac{2}{6\pi}[\cos(\frac{6\pi}{3}) - 1] = 0$$

(d) 所以 $f(x) = \sum_{n=1}^{\infty} b_n \sin(\frac{n\pi}{L} x)$

$$= \sum_{n=1}^{\infty}\left[-\frac{2}{n\pi}\left(\cos(\frac{n\pi}{3}) - 1\right)\sin(\frac{n\pi x}{2})\right]$$

$$= \frac{1}{\pi}\sin\left(\frac{\pi x}{2}\right) + \frac{3}{2\pi}\sin\left(\frac{2\pi x}{2}\right) + \frac{4}{3\pi}\sin\left(\frac{3\pi x}{2}\right)$$

$$+ \frac{3}{4\pi}\sin\left(\frac{4\pi x}{2}\right) + \frac{1}{5\pi}\sin\left(\frac{5\pi x}{2}\right) + \cdots\cdots$$

例 2 求下列函數的偶函數和奇函數半週期展開：

$f(t) = t, 0 < t < 1$ 。

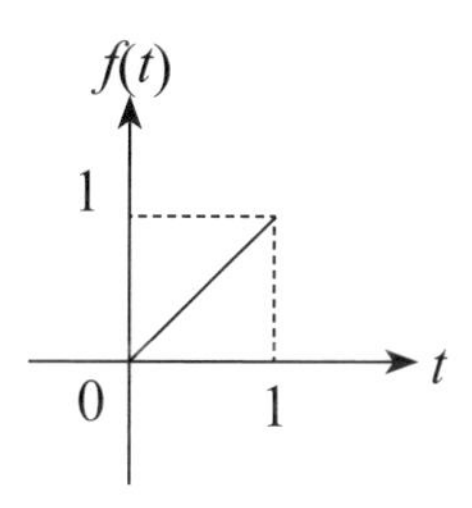

解 半週期 $L = 1$

(1) 展開成一週期（偶函數）

(a) 偶函數擴展 $f(t) = a_0 + \sum_{n=1}^{\infty} a_n \cos(\frac{n\pi}{L} t)$

(b) $a_0=\dfrac{1}{L}\int_0^L f(t)dt=\int_0^1 tdt=\left.\dfrac{t^2}{2}\right|_{t=0}^{1}=\dfrac{1}{2}$

(c) $a_n=\dfrac{2}{L}\int_0^L f(t)\cos\dfrac{n\pi t}{L}dt$

$$=2\int_0^1 t\cdot\cos(n\pi\cdot t)dt$$

$$=2\left[\frac{t}{n\pi}\sin(n\pi\cdot t)\Big|_0^1-\frac{1}{n\pi}\int_0^1\sin(n\pi t)dt\right]$$

（分部積分）

$$=2\left[0+\frac{1}{n^2\pi^2}\cos(n\pi\cdot t)\Big|_{t=0}^{1}\right]$$

$$=\frac{2}{n^2\pi^2}(\cos(n\pi)-1)$$

所以 $a_n=\begin{cases}-\dfrac{4}{n^2\pi^2},\ n=1,3,5,\cdots\cdots\\ 0,\quad n=2,4,6,\cdots\cdots\end{cases}$

(d) 故 $f(t)$ 的偶函數擴展為

$$f(t)=a_0+\sum_{n=1}^{\infty}a_n\cos\left(\frac{n\pi}{L}t\right)$$

$$=\frac{1}{2}+\sum_{n=1}^{\infty}\left(\frac{2}{n^2\pi^2}(\cos(n\pi)-1)\right)\cos(n\pi t)$$

$$=\frac{1}{2}-\frac{4}{\pi^2}\left(\cos(\pi\cdot t)+\frac{1}{3^2}\cos(3\pi\cdot t)+\frac{1}{5^2}\cos(5\pi\cdot t)+\cdots\cdots\right)$$

(2) 展開成一週期（奇函數）

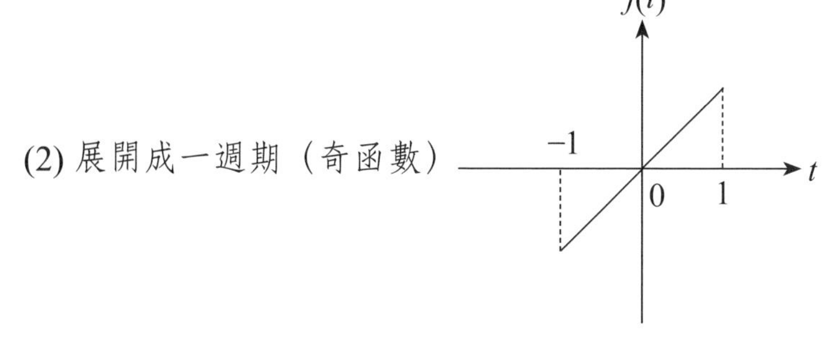

(a) 奇函數擴展 $f(t)=\sum_{n=1}^{\infty} b_n \sin(\frac{n\pi}{L}t)$

(b) $b_n=\frac{2}{L}\int_0^L f(t)\sin\frac{n\pi\cdot t}{L}dt$

$$=2\int_0^1 t\cdot\sin(n\pi\cdot t)dt$$

$$=2\left[-\frac{t}{n\pi}\cos(n\pi\cdot t)\Big|_{t=0}^{1}+\frac{1}{n\pi}\int_0^1\cos(n\pi\cdot t)dt\right]$$

$$=-\frac{2}{n\pi}\cos(n\pi)+\frac{2}{n^2\pi^2}\sin(n\pi\cdot t)\Big|_{t=0}^{1}$$

$$=-\frac{2}{n\pi}\cos(n\pi)$$

所以 $b_n=\begin{cases}\frac{2}{n\pi}, & n=1, 3, 5, \cdots\cdots \\ -\frac{2}{n\pi}, & n=2, 4, 6, \cdots\cdots\end{cases}$

(c) 故 f(t) 的奇函數擴展為

$$f(t)=\sum_{n=1}^{\infty}\left(-\frac{2}{n\pi}\cos(n\pi)\right)\sin(n\pi t)$$

$$=\frac{2}{\pi}\left(\sin(\pi\cdot t)-\frac{1}{2}\sin(2\pi\cdot t)+\frac{1}{3}\sin(3\pi\cdot t)-\cdots\cdots\right)$$

習題 5：

(1) 求下列函數的半週期奇函數展開式（半週期 $l=2$）：

(a) $f(x)=1,(0<x<l)$。

解　$$f(x)=\sum_{n=1}^{\infty}\left(\frac{-2}{n\pi}[\cos(n\pi)-1]\sin\frac{n\pi x}{2}\right)$$

(b) $f(x)=x,(0<x<l)$。

解　$$f(x)=\sum_{n=1}^{\infty}\frac{-4}{n\pi}[\cos(n\pi)]\sin\frac{n\pi x}{2}$$

(c) $f(x)=\begin{cases}1, & 0<x<l/2\\ 0, & l/2<x<l\end{cases}$。

解　$$f(x)=\sum_{n=1}^{\infty}\frac{-2}{n\pi}[\cos(\frac{n\pi}{2})-1]\sin\frac{n\pi x}{2}$$

(2) 求下列函數的半週期偶函數展開式（$l=2$）：

(a) $f(x)=x,(0<x<l)$。

解　$$f(x)=1+\sum_{n=1}^{\infty}\frac{4}{n^2\pi^2}[\cos(n\pi)-1]\cos\frac{n\pi x}{2}$$

(b) $f(x)=\begin{cases}1, & 0<x<l/2\\ 0, & l/2<x<l\end{cases}$。

解　$$f(x)=\frac{1}{2}+\sum_{n=1}^{\infty}\frac{2}{n\pi}\sin\frac{n\pi}{2}\cos\frac{n\pi x}{2}$$

1.6 複數傅立葉級數

• 第六式：複數傅立葉級數

(1) 也可以用複數方法來求傅立葉級數，其與用前面的方法求出來的答案相同。

(2) 函數 $f(x)$ 是週期爲 2π 的函數，其複數傅立葉級數爲

$$f(x)=\sum_{n=-\infty}^{\infty}c_n e^{inx},$$

其中：$c_n=\frac{1}{2\pi}\int_{-\pi}^{\pi}f(x)e^{-inx}dx$，$n=0,\pm1,\pm2,\cdots\cdots$

（證明請參閱附錄五）

(3) 要求（複數）傅立葉級數時，

(a) 抄下 $f(x)=\sum_{n=-\infty}^{\infty}c_n e^{inx}$。

(b) 抄下 $c_n=\frac{1}{2\pi}\int_{-\pi}^{\pi}f(x)e^{-inx}dx$。

(c) 將題目的 $f(x)$ 代入 (b) 式。

(d) 將 (b) 式積分出來。

(e) 求出 $f(x)=\sum_{n=-\infty}^{\infty}c_n e^{inx}$ 中的第 $-k$ 項（即 $c_{-k}e^{i(-k)x}$）和第 k 項（即 $c_k e^{i(k)x}$），再將此二項相加起來，以消去虛數部分。

(f) 求出 $f(x)=\sum_{n=-\infty}^{\infty}c_n e^{inx}$ 中的第 0 項（即 $c_0 e^{i(0)x}=\hat{c}_0$）。

(g) $f(x)$ 的傅立葉級數

$$f(x)=\sum_{n=-\infty}^{\infty}c_n e^{inx}=\hat{c}_0+\sum_{n=1}^{\infty}\left[c_{-k}e^{i(-k)x}+c_k e^{ikx}\right]$$

答案與用前面的方法求出來的答案相同。

註：(i)若題目要求複數傅立葉級數，只要做到 (d) 步驟，再將 c_n 代回 (a) 式即結束；

(ii)若題目要求傅立葉級數，則還要往下做，消去虛數 i，其結果會和前面方法做出來的結果相同。

(4) 函數 $f(x)$ 是週期爲 $2L$ 的函數，其複數傅立葉級數爲：

$$f(x)=\sum_{n=-\infty}^{\infty}c_n e^{in\pi x/L},$$

其中：$c_n=\dfrac{1}{2L}\displaystyle\int_{-L}^{L}f(x)e^{-in\pi x/L}dx$，$n=0,\ \pm1,\ \pm2,\cdots\cdots$

說明：週期爲 $2L$ 的複數傅立葉級數，只要將週期爲 2π 的複數傅立葉級數做下列二項修改：

(a) 將週期爲 2π 的公式的所有 π 改成 L。

(b) 將 e 的指數的 x 改成 $\dfrac{\pi}{L}\cdot x$。

例 1　若 $f(x)$ 的週期爲 2π，且 $f(x)=\begin{cases}0, & -\pi<x<0\\ 1, & 0<x<\pi\end{cases}$，用複數方法求 $f(x)$ 的傅立葉級數。

解　(1) $f(x)=\displaystyle\sum_{n=-\infty}^{\infty}c_n e^{inx}$

(2) $c_n=\dfrac{1}{2\pi}\displaystyle\int_{-\pi}^{\pi}f(x)e^{-inx}dx$

$$=\frac{1}{2\pi}\left[\int_{-\pi}^{0}0\cdot e^{-inx}dx+\int_{0}^{\pi}1\cdot e^{-inx}dx\right]$$

$$=\frac{1}{2\pi}\cdot\frac{e^{-inx}}{-in}\Big|_{x=0}^{\pi}$$

$$=\frac{-1}{2n\pi i}\left(e^{-n\pi i}-1\right)$$ （註：$e^{i\theta}=\cos\theta+i\sin\theta$）

$$=\frac{i}{2n\pi}\left[\cos(-n\pi)+i\sin(-n\pi)-1\right]$$

$$=\frac{i}{2n\pi}\left[\cos(n\pi)-1\right]$$

（因 n 是整數，所以 $\sin(-n\pi)=0$）

(3) (a) $n=-k$ 代入

$$\Rightarrow c_{-k}e^{i(-k)x}$$

$$=\frac{i}{2(-k)\pi}\left[\cos(-k\pi)-1\right]\left[\cos(-kx)+i\sin(-kx)\right]$$

$$=\frac{-i}{2k\pi}\left[\cos(k\pi)-1\right]\left[\cos(kx)-i\sin(kx)\right]$$

（$-i$ 乘到第二項）

$$=\frac{1}{2k\pi}\left[\cos(k\pi)-1\right]\left[-\sin(kx)-i\cos(kx)\right]$$

(b) $n=k$ 代入

$$\Rightarrow c_{k}e^{i(k)x}=\frac{i}{2(k)\pi}\left[\cos(k\pi)-1\right]\left[\cos(kx)+i\sin(kx)\right]$$

$$=\frac{1}{2k\pi}\left[\cos(k\pi)-1\right]\left[-\sin(kx)+i\cos(kx)\right]$$

(c) (a) + (b) $\Rightarrow c_{-k}e^{i(-k)x}+c_{k}e^{ikx}$ （消去虛數 i）

$$=\frac{1}{2k\pi}\left[\cos(k\pi)-1\right]\left[-2\sin(kx)\right]$$

$$=\frac{1}{k\pi}\left[1-\cos(k\pi)\right]\sin kx$$

(4) $n=0$ 代入 $c_0=\frac{1}{2\pi}\int_{-\pi}^{\pi}f(x)e^{-inx}dx\Big|_{n=0}$

$$=\frac{1}{2\pi}\left[\int_{-\pi}^{0}0\cdot e^{-i0x}dx+\int_{0}^{\pi}1\cdot e^{-i0x}dx\right]=\frac{1}{2}$$

(5) $f(x) = \sum_{n=-\infty}^{\infty} c_n e^{inx}$

$$= c_0 + \sum_{n=1}^{\infty}\left[c_{-k}e^{i(-k)x} + c_k e^{ikx}\right]$$

$$= \frac{1}{2} + \sum_{n=1}^{\infty}\frac{1}{n\pi}\left[1-\cos(n\pi)\right]\sin nx$$

（答案與第二式的例 1 同）

例 2 函數 $f(x)$ 是週期爲 2π 的函數，且 $f(x) = e^x$，$-\pi < x < \pi$，求其複數傅立葉級數

解 (1) $f(x)$ 的複數傅立葉級數為

$$f(x) = \sum_{n=-\infty}^{\infty} c_n e^{inx},$$

其中 $c_n = \frac{1}{2\pi}\int_{-\pi}^{\pi} f(x)e^{-inx}dx$，$n = 0, \pm 1, \pm 2, \cdots\cdots$

(2) $c_n = \frac{1}{2\pi}\int_{-\pi}^{\pi} f(x)e^{-inx}dx = \frac{1}{2\pi}\int_{-\pi}^{\pi} e^x e^{-inx}dx = \frac{1}{2\pi}\int_{-\pi}^{\pi} e^{(1-in)x}dx$

$$= \frac{1}{2\pi(1-in)}\int_{-\pi}^{\pi} e^{(1-in)x}d(1-in)x$$

$$= \frac{e^{(1-in)x}}{2\pi(1-in)}\Big|_{x=-\pi}^{\pi}$$

$$= \frac{1}{2\pi(1-in)}\left(e^{(1-in)\pi} - e^{-(1-in)\pi}\right)$$

$$= \frac{1}{2\pi(1-in)}\left(e^{\pi}\cdot e^{-in\pi} - e^{-\pi}\cdot e^{in\pi}\right)$$

又 $e^{\pm in\pi} = \cos(\pm n\pi) + i\sin(\pm n\pi) = \cos(n\pi)$

$$c_n = \frac{\cos(n\pi)}{2\pi(1-in)}\left(e^{\pi}-e^{-\pi}\right) = \frac{(1+in)\cos(n\pi)}{2\pi(1+n^2)}\left(e^{\pi}-e^{-\pi}\right)$$

(3) $f(x) = \sum_{n=-\infty}^{\infty} c_n e^{inx}$

$$= \sum_{n=-\infty}^{\infty} \frac{(1+in)\cos(n\pi)}{2\pi(1+n^2)}\left(e^{\pi}-e^{-\pi}\right)e^{inx}$$

例 3 函數 $f(x)$ 是週期爲 2 的函數，且 $f(x) = \begin{cases} -1, & -1<x<0 \\ 1, & 0<x<1 \end{cases}$，

求其複數傅立葉級數

解 函數 $f(x)$ 是週期為 2，所以 $L=1$

(1) $f(x)$ 的複數傅立葉級數為

$$f(x) = \sum_{n=-\infty}^{\infty} c_n e^{in\pi x/L}，$$

其中 $c_n = \frac{1}{2L}\int_{-L}^{L} f(x)e^{-in\pi x/L}dx$，$n = 0, \pm 1, \pm 2, \cdots\cdots$

(2) $c_n = \frac{1}{2L}\int_{-L}^{L} f(x)e^{-in\pi x/L}dx$

$$= \frac{1}{2}\left[\int_{-1}^{0} -1\cdot e^{-in\pi x}dx + \int_{0}^{1} 1\cdot e^{-in\pi x}dx\right]$$

$$= \frac{1}{-2\cdot in\pi}\left[\int_{-1}^{0} -1\cdot e^{-in\pi x}d(-in\pi x) + \int_{0}^{1} 1\cdot e^{-in\pi x}d(-in\pi x)\right]$$

$$= \frac{1}{-2\cdot in\pi}\left[-e^{-in\pi x}\Big|_{x=-1}^{0} + e^{-in\pi x}\Big|_{x=0}^{1}\right]$$

$$= \frac{1}{-2\cdot in\pi}\left[-(e^0 - e^{in\pi}) + (e^{-in\pi} - e^0)\right]$$

又 $e^{\pm in\pi} = \cos(\pm n\pi) + i\sin(\pm n\pi) = \cos(n\pi)$

$$c_n = \frac{i}{2n\pi}[-(1-\cos n\pi) + (\cos n\pi - 1)]$$

$$= \frac{i}{n\pi}[\cos n\pi - 1]，n \neq 0$$

$$c_0 = \frac{1}{2L}\int_{-L}^{L} f(x)dx = \frac{1}{2}[\int_{-1}^{0} -1dx + \int_{0}^{1} 1dx] = 0$$

(3) $f(x) = \sum_{\substack{n=-\infty \\ n\neq 0}}^{\infty} c_n e^{in\pi x/L}$

$$= \sum_{\substack{n=-\infty \\ n\neq 0}}^{\infty} \frac{i}{n\pi}[\cos n\pi - 1]e^{in\pi x}$$

習題 6：

(1) 函數 $f(x)$ 是週期為 2π 的函數，且 $f(x) = x$，$-\pi < x < \pi$，求其複數傅立葉級數

解　$f(x) = \sum_{n=-\infty}^{\infty} \frac{i}{n}\cos(n\pi)e^{inx}$

(2) 函數 $f(x)$ 是週期為 2 的函數，且 $f(x) = e^x$，$-1 < x < 1$，求其複數傅立葉級數

解　$f(x) = \sum_{n=-\infty}^{\infty} \frac{(1+in\pi)\cos(n\pi)}{2(1+n^2\pi^2)}\left(e - e^{-1}\right)e^{in\pi x}$

(3) 請讀者自己用複數傅立葉級數的方法去解之前的題目，答案要一樣。

1.7 傅立葉積分

• **第七式：傅立葉積分**

(1) 若函數 $f(x)$ 爲非週期性函數或考慮整個 x 軸時，就要使用傅立葉積分。

(2) $f(x)$ 的傅立葉積分爲

$$f(x)=\int_0^{\infty}\left[A(w)\cos(wx)+B(w)\sin(wx)\right]dw$$

其中：$A(w)=\dfrac{1}{\pi}\displaystyle\int_{-\infty}^{\infty}f(u)\cos(wu)du$

$B(w)=\dfrac{1}{\pi}\displaystyle\int_{-\infty}^{\infty}f(u)\sin(wu)du$

（證明請參閱附錄三）

〔註：(1) $A(w)$ 可類比成前面的 a_n

(2) $B(w)$ 可類比成前面的 b_n

(3) 積分符號 ($\int$) 可類比成前面的 $\sum_{n=1}^{\infty}$ 〕

(3) 若 $f(x)$ 是偶函數，則 $B(w)=0$；

若 $f(x)$ 是奇函數，則 $A(w)=0$。

例 1 若 $f(x)=\begin{cases}1, & 若\ |x|<1\\ 0, & 若\ |x|>1\end{cases}$，求其傅立葉積分。

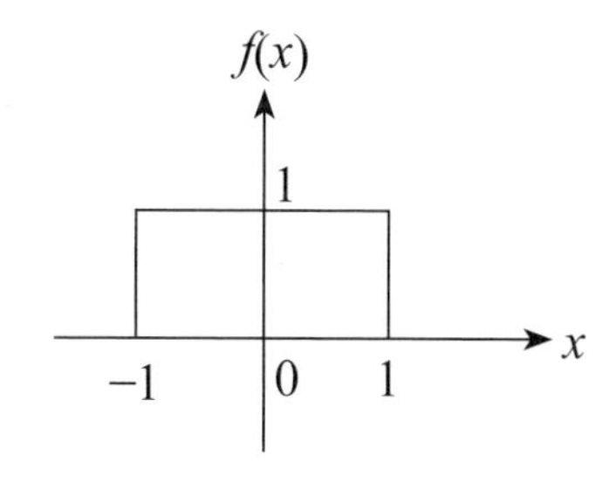

解　(1) $f(x)=\int_0^\infty [A(w)\cos(wx)+B(w)\sin(wx)]dw$

(2) $A(w)=\frac{1}{\pi}\int_{-\infty}^{\infty} f(u)\cos(wu)du$

$=\frac{1}{\pi}\int_{-1}^{1}\cos(wu)du$

$=\frac{\sin(wu)}{\pi\cdot w}\Big|_{u=-1}^{1}=\frac{2\sin(w)}{\pi\cdot w}$

(3) $B(w)=\frac{1}{\pi}\int_{-\infty}^{\infty} f(u)\sin(wu)du$

$=\frac{1}{\pi}\int_{-1}^{1}\sin(wu)du$

$=-\frac{\cos(wu)}{\pi\cdot w}\Big|_{u=-1}^{1}=0$

（註：因它是偶函數，所以 $B(w)=0$）

(4) 所以 $f(x)$ 的傅立葉積分 $=\frac{2}{\pi}\int_0^\infty \frac{\cos(wx)\sin(w)}{w}dw$

例 2　求函數 $f(x)=\begin{cases} e^{-x}, x>0 \\ -e^{x}, x<0 \end{cases}$，求其傅立葉積分

解　因 $f(x)=-f(-x)$，所以其為奇函數

(1) $f(x)=\int_0^\infty B(w)\sin(wx)d\omega$

(2) $B(w)=\frac{1}{\pi}\int_{-\infty}^{\infty} f(u)\sin(wu)du$

$=\frac{2}{\pi}\int_0^\infty f(u)\sin(wu)du$

$$=\frac{2}{\pi}\int_0^\infty e^{-u}\sin(wu)du$$

又 $\int e^{-u}\sin(wu)du=-e^{-u}\sin(wu)+w\int e^{-u}\cos(wu)du$

$\cdots\cdots\cdots\cdots\cdots\cdots\cdots\cdots\cdots\cdots\cdots\cdots\cdots\cdots\cdots\cdots\cdots\cdots$(a)

$$\int e^{-u}\cos(wu)du=-e^{-u}\cos(wu)-w\int e^{-u}\sin(wu)du$$

（代入 (a)）

$$\int e^{-u}\sin(wu)du$$

$$=-e^{-u}\sin(wu)+w[-e^{-u}\cos(wu)-w\int e^{-u}\sin(wu)du]$$

$$\Rightarrow\int e^{-u}\sin(wu)du=\frac{-e^{-u}}{1+w^2}[\sin(wu)+w\cos(wu)]$$

所以 $B(w)=\frac{2}{\pi}\cdot\frac{-e^{-u}}{1+w^2}[\sin(wu)+w\cos(wu)]_{u=0}^{\infty}$

$$=\frac{2}{\pi}\cdot\frac{1}{1+w^2}[\sin(0)+w\cos(0)]=\frac{2\omega}{\pi(1+w^2)}$$

(3) $f(x)=\int_0^\infty B(w)\sin(wx)dw$

$$=\int_0^\infty\frac{2\omega}{\pi(1+w^2)}\sin(wx)dw$$

習題 7

(1) 若 $f(x)=\begin{cases}x, & 若\ |x|<\pi\\ 0, & 若\ |x|>\pi\end{cases}$，求其傅立葉積分。

解 $f(x)$ 的傅立葉積分 $=\int_0^\infty[\frac{2\sin(\pi w)}{\pi w^2}-\frac{2\cos(\pi w)}{w}]\cdot\sin(wx)dw$

(2) 若 $f(x)=\begin{cases}-1, & -\pi<x<0 \\ 1, & 0<x<\pi \\ 0, & |x|>\pi\end{cases}$，求其傳立葉積分。

解 $f(x)$ 的傳立葉積分 $=\int_0^\infty [\frac{2}{\pi w}(1-\cos(\pi w)]\sin(wx)dw$

(3) 若 $f(x)=\begin{cases}\cos x, & \frac{-\pi}{2}<x<\frac{\pi}{2} \\ 0, & \text{其餘地方}\end{cases}$，求其傳立葉積分。

解 $$f(x)=\int_0^\infty \mathrm{A}(\omega)\cos(\omega x)d\omega$$

$$=\int_0^\infty \frac{-2}{\pi(\omega^2-1)}\cos(\frac{\omega\pi}{2})\cos(\omega x)d\omega$$

(4) 若 $f(x)=\begin{cases}1, & -1<x<1 \\ 0, & \text{其餘地方}\end{cases}$，求其傳立葉積分。

解 $$f(x)=\int_0^\infty \mathrm{A}(\omega)\cos(\omega x)d\omega=\int_0^\infty \frac{2\sin(\omega)}{\pi\omega}\cos(\omega x)d\omega$$

1.8 傳立葉餘弦與正弦轉換

• **第八式：傳立葉餘弦與正弦轉換**

(1) $\hat{f}_c(w)$ 稱為 $f(x)$ 的傳立葉餘弦轉換（其中 c 表示 cos）

$$\hat{f}_c(w)=\sqrt{\frac{2}{\pi}}\int_0^{\infty} f(x)\cos(wx)dx$$

(2) $f(x)$ 稱為 $\hat{f}_c(w)$ 的反傳立葉餘弦轉換

$$f(x)=\sqrt{\frac{2}{\pi}}\int_0^{\infty} \hat{f}_c(w)\cos(wx)dw$$

(3) $\hat{f}_s(w)$ 稱為 $f(x)$ 的傳立葉正弦轉換（其中 s 表示 sin）

$$\hat{f}_s(w)=\sqrt{\frac{2}{\pi}}\int_0^{\infty} f(x)\sin(wx)dx$$

(4) $f(x)$ 稱為 $\hat{f}_s(w)$ 的反傳立葉正弦轉換

$$f(x)=\sqrt{\frac{2}{\pi}}\int_0^{\infty} \hat{f}_s(w)\sin(wx)dw$$

(5) 它們在某些應用中仍然是首選，例如信號處理或統計。

（證明請參閱附錄四）

例 1 若 $f(x)=\begin{cases}1, & 若\ 0<x<a\\ 0, & 若\ x>a\end{cases}$，求其 (1) 傳立葉餘弦轉換；(2) 傳立葉正弦轉換。

解 由上面的公式得

(1) 傳立葉餘弦轉換

$$\hat{f}_c(w)=\sqrt{\frac{2}{\pi}}\int_0^{\infty} f(x)\cos(wx)dx$$

$$=\sqrt{\frac{2}{\pi}}\int_0^a 1\cdot\cos(wx)dx$$

$$=\sqrt{\frac{2}{\pi}}\cdot\left(\frac{\sin(aw)}{w}\right)$$

(2) 傅立葉正弦轉換

$$\hat{f}_s(w)=\sqrt{\frac{2}{\pi}}\int_0^\infty f(x)\sin(wx)dx$$

$$=\sqrt{\frac{2}{\pi}}\int_0^a 1\cdot\sin(wx)dx$$

$$=\sqrt{\frac{2}{\pi}}\cdot\left(\frac{1-\cos(aw)}{w}\right)$$

例 2　若 $f(x)=e^{-x}$，求其 (1) 傅立葉餘弦轉換；(2) 傅立葉正弦轉換；(3) 由 (1) 的結果，求反傅立葉餘弦轉換（其中 $\int_0^\infty \frac{\cos wx}{1+x^2}dx=\frac{\pi}{2e^w}$）；(4) 由 (2) 的結果，求反傅立葉正弦轉換（其中 $\int_0^\infty \frac{x\sin wx}{1+x^2}dx=\frac{\pi}{2e^w}$）

解　(1) 傅立葉餘弦轉換

(i) $\hat{f}_c(w)=\sqrt{\frac{2}{\pi}}\int_0^\infty f(x)\cos(wx)dx$

$$=\sqrt{\frac{2}{\pi}}\int_0^\infty e^{-x}\cdot\cos(wx)dx$$

(ii) 因 $\int_0^\infty e^{-x}\cdot\cos(wx)dx$

$$=-e^{-x}\cos(wx)\,\Big|_{x=0}^{\infty}-\int_0^\infty e^{-x}\cdot w\cdot\sin(wx)dx$$

$$= 1 + we^{-x}\sin(wx)\Big|_{x=0}^{\infty} - w\int_0^{\infty} e^{-x}\cdot w\cdot\cos(wx)dx$$

$$= 1 - w^2\int_0^{\infty} e^{-x}\cos(wx)dx$$

(iii)（移項得）$(1+w^2)\int_0^{\infty} e^{-x}\cdot\cos(wx)dx = 1$

$$\Rightarrow \int_0^{\infty} e^{-x}\cos(wx) = \frac{1}{1+w^2}$$

$$\Rightarrow \hat{f}_c(w) = \sqrt{\frac{2}{\pi}}\int_0^{\infty} f(x)\cos(wx)dx$$

$$= \sqrt{\frac{2}{\pi}}\cdot\frac{1}{1+w^2}$$

(2) 傅立葉正弦轉換

(i) $\hat{f}_s(w) = \sqrt{\frac{2}{\pi}}\int_0^{\infty} f(x)\sin(wx)dx$

$$= \sqrt{\frac{2}{\pi}}\int_0^{\infty} e^{-x}\cdot\sin(wx)dx$$

(ii) 因 $\int_0^{\infty} e^{-x}\cdot\sin(wx)dx$

$$= -e^{-x}\sin(wx)\Big|_{x=0}^{\infty} + \int_0^{\infty} e^{-x}\cdot w\cdot\cos(wx)dx$$

$$= -we^{-x}\cos(wx)\Big|_{x=0}^{\infty} - w\int_0^{\infty} e^{-x}\cdot w\cdot\sin(wx)dx$$

$$= w - w^2\int_0^{\infty} e^{-x}\sin(wx)dx$$

(iii)（移項得）$(1+w^2)\int_0^{\infty} e^{-x}\cdot\sin(wx)dx = w$

$$\Rightarrow \int_0^{\infty} e^{-x}\sin(wx) = \frac{w}{1+w^2}$$

$$\Rightarrow \hat{f}_s(w) = \sqrt{\frac{2}{\pi}}\int_0^{\infty} f(x)\sin(wx)dx = \sqrt{\frac{2}{\pi}}\cdot\frac{w}{1+w^2}$$

(3) 由 (1) 知，$\hat{f}_c(w) = \sqrt{\frac{2}{\pi}}\cdot\frac{1}{1+w^2}$

$$f(x) = \sqrt{\frac{2}{\pi}}\int_0^{\infty}\hat{f}_c(w)\cos(wx)dw = \sqrt{\frac{2}{\pi}}\int_0^{\infty}\sqrt{\frac{2}{\pi}}\cdot\frac{1}{1+w^2}\cos(wx)dw$$

$$= \frac{2}{\pi}\int_0^{\infty}\frac{\cos(wx)}{1+w^2}dw = \frac{2}{\pi}\frac{\pi}{2e^x} = e^{-x}$$

(4) 由 (2) 知，$\hat{f}_s(w) = \sqrt{\frac{2}{\pi}}\cdot\frac{w}{1+w^2}$

$$f(x) = \sqrt{\frac{2}{\pi}}\int_0^{\infty}\hat{f}_s(w)\sin(wx)dw = \sqrt{\frac{2}{\pi}}\int_0^{\infty}\sqrt{\frac{2}{\pi}}\cdot\frac{w}{1+w^2}\sin(wx)dw$$

$$= \frac{2}{\pi}\int_0^{\infty}\frac{w\cdot\sin(wx)}{1+w^2}dw = \frac{2}{\pi}\frac{\pi}{2e^x} = e^{-x}$$

習題 8：

(1) 若 $f(x) = \begin{cases}\cos x, & 0 < x < a \\ 0, & \text{其他範圍}\end{cases}$，求其傅立葉餘弦轉換。

解　$\frac{1}{\sqrt{2\pi}}\left[\frac{\sin a(1-w)}{1-w} + \frac{\sin a(1+w)}{1+w}\right]$

(2) 若 $f(x) = \begin{cases}\sin x, & 0 < x < a \\ 0, & \text{其他範圍}\end{cases}$，求其傅立葉正弦轉換。

解　$\frac{1}{\sqrt{2\pi}}\left[\frac{\sin a(1-w)}{1-w} - \frac{\sin a(1+w)}{1+w}\right]$

(3) 若 $f(x) = e^{-ax}(a > 0)$，求其傅立葉餘弦轉換

解　$\sqrt{\frac{2}{\pi}}\left(\frac{a}{a^2+w^2}\right)$

(4) 若 $f(x) = e^{-ax}(a > 1)$，求其傅立葉正弦轉換

解　$\sqrt{\frac{2}{\pi}}\left(\frac{w}{a^2+w^2}\right)$

1.9 離散傅立葉轉換

• 第九式：離散傅立葉轉換

(1) 在數位影像處理或通訊系統的應用中，所處理的數據都是離散（非連續）數值，本節將介紹離散傅立葉轉換。

(2) 令 $f(x)$ 是週期為 2π 的週期函數（$0 \le x \le 2\pi$），對 $f(x)$ 做 N 次相同「間隔點」（是離散數值）的量測，即「間隔點」為 $x_k = \dfrac{2\pi k}{N}$，$k = 0, 1, 2, \cdots\cdots, N-1$，量測到的值是 $\vec{f} = \begin{bmatrix} f_0 & f_1 & f_2 & \cdots\cdots & f_{N-2} & f_{N-1} \end{bmatrix}^T$。

註：f 符號上面有箭號，表示其為向量。

(3) 則 $f(x)$ 的離散傅立葉轉換 $\overrightarrow{f_n^{\wedge}} = F_N \cdot \vec{f}$，即

$$\begin{bmatrix} f_0^{\wedge} \\ f_1^{\wedge} \\ \vdots \\ f_{N-1}^{\wedge} \end{bmatrix} = \begin{bmatrix} w^{0\cdot 0} & w^{0\cdot 1} & \cdots & w^{0\cdot(N-1)} \\ w^{1\cdot 0} & w^{1\cdot 1} & \cdots & w^{1\cdot(N-1)} \\ \vdots & \vdots & \vdots & \vdots \\ w^{(N-1)\cdot 0} & w^{(N-1)\cdot 1} & \cdots & w^{(N-1)\cdot(N-1)} \end{bmatrix} \begin{bmatrix} f_0 \\ f_1 \\ \vdots \\ f_{N-1} \end{bmatrix}$$

$$= \begin{bmatrix} w^0 & w^0 & \cdots & w^0 \\ w^0 & w^1 & \cdots & w^{N-1} \\ \vdots & \vdots & \vdots & \vdots \\ w^0 & w^{N-1} & \cdots & w^{(N-1)(N-1)} \end{bmatrix} \begin{bmatrix} f_0 \\ f_1 \\ \vdots \\ f_{N-1} \end{bmatrix}$$

其中：(a) F_N 為 N×N 傅立葉矩陣

(b) $w^{a\cdot b}$ 的 $a\cdot b$ 是矩陣行與列位置的相乘，因 F_N 為 $N \times N$ 矩陣，有時候 $w^{a\cdot b}$ 會寫成 $w_N^{a\cdot b}$

(c) $w = e^{-2\pi\cdot i/N}$

(d) $w^n = e^{-2\pi n\cdot i/N} = \cos\left(\dfrac{-2\pi n}{N}\right) + i\sin\left(\dfrac{-2\pi n}{N}\right)$

（證明請參閱附錄六）

例 1　令 $N=4$ 次量測（取樣值），量到的值為 $\vec{f}=[0\ \ 1\ \ 4\ \ 9]^T$，此離散傳立葉轉換為何？

解　因

$$\begin{bmatrix} \hat{f}_0 \\ \hat{f}_1 \\ \hat{f}_2 \\ \hat{f}_3 \end{bmatrix} = \begin{bmatrix} w^0 & w^0 & w^0 & w^0 \\ w^0 & w^1 & w^2 & w^3 \\ w^0 & w^2 & w^4 & w^6 \\ w^0 & w^3 & w^6 & w^9 \end{bmatrix} \begin{bmatrix} f_0 \\ f_1 \\ f_2 \\ f_3 \end{bmatrix}$$

而 $\vec{f}=[0\ \ 1\ \ 4\ \ 9]^T$，且

$w^0 = e^{-2\pi 0 i/N} = \cos 0 + i\sin 0 = 1$；

$w^1 = e^{-2\pi i/N} = \cos(-\frac{2\pi}{4}) + i\sin(-\frac{2\pi}{4}) = -i$；

$w^2 = e^{-2\pi\cdot 2i/N} = \cos(-\pi) + i\sin(-\pi) = -1$；

$w^3 = e^{-2\pi 3i/N} = \cos(-\frac{6\pi}{4}) + i\sin(-\frac{6\pi}{4}) = i$

$w^4 = e^{-2\pi 4i/N} = \cos(-\frac{8\pi}{4}) + i\sin(-\frac{8\pi}{4}) = 1$

$w^6 = e^{-2\pi 6i/N} = \cos(-\frac{12\pi}{4}) + i\sin(-\frac{12\pi}{4}) = -1$

$w^9 = e^{-2\pi 9i/N} = \cos(-\frac{18\pi}{4}) + i\sin(-\frac{18\pi}{4}) = -i$

所以

$$\begin{bmatrix} \hat{f}_0 \\ \hat{f}_1 \\ \hat{f}_2 \\ \hat{f}_3 \end{bmatrix} = \begin{bmatrix} w^0 & w^0 & w^0 & w^0 \\ w^0 & w^1 & w^2 & w^3 \\ w^0 & w^2 & w^4 & w^6 \\ w^0 & w^3 & w^6 & w^9 \end{bmatrix} \begin{bmatrix} f_0 \\ f_1 \\ f_2 \\ f_3 \end{bmatrix}$$

$$=\begin{bmatrix}1 & 1 & 1 & 1\\1 & -i & -1 & i\\1 & -1 & 1 & -1\\1 & i & -1 & -i\end{bmatrix}\begin{bmatrix}0\\1\\4\\9\end{bmatrix}=\begin{bmatrix}14\\-4+8i\\-6\\-4-8i\end{bmatrix}$$

習題9：令 $N = 4$ 次量測（取樣值），量到的值爲 $\vec{f}=\begin{bmatrix}4 & 1 & 1 & 4\end{bmatrix}^T$，此離散傅立葉轉換爲何？

解

$$\begin{bmatrix}\hat{f}_0\\\hat{f}_1\\\hat{f}_2\\\hat{f}_3\end{bmatrix}=\begin{bmatrix}w^0 & w^0 & w^0 & w^0\\w^0 & w^1 & w^2 & w^3\\w^0 & w^2 & w^4 & w^6\\w^0 & w^3 & w^6 & w^9\end{bmatrix}\begin{bmatrix}f_0\\f_1\\f_2\\f_3\end{bmatrix}$$

$$=\begin{bmatrix}1 & 1 & 1 & 1\\1 & -i & -1 & i\\1 & -1 & 1 & -1\\1 & i & -1 & -i\end{bmatrix}\begin{bmatrix}4\\1\\1\\4\end{bmatrix}=\begin{bmatrix}10\\3+3i\\0\\3-3i\end{bmatrix}$$

1.10 快速傅立葉轉換

• 第十式：快速傅立葉轉換

(1) 上式離散傅立葉轉換的矩陣大小為 $N\times N$，若取樣點有 1000 點，其計算時間會很長，此時可以用快速傅立葉轉換（Fast Fourier Transform, FFT）來做。

(2) 快速傅立葉轉換是將 N 分成 2 組，即 $N=2M$ 來解。

(3) 將原向量 $\vec{f}=[f_0 \quad f_1 \quad \cdots\cdots \quad f_{N-1}]^T$ 分解成二個各含 M 個分量的向量，即包含所有的偶數分量 $\overrightarrow{f_{even}}=[f_0 \quad f_2 \quad \cdots\cdots \quad f_{N-2}]^T=[f_{even,0} f_{even,1} \quad \cdots\cdots \quad f_{even,M-1}]^T$，和包含所有的奇數分量 $\overrightarrow{f_{odd}}=[f_1 \quad f_3 \quad \cdots\cdots \quad f_{N-1}]^T$ $=[f_{odd,0} \quad f_{odd,1} \quad \cdots\cdots \quad f_{odd,M-1}]^T$

（註：有頂線的 $\vec{f}$ 表一向量；無頂線的 f 表一純量）

(4) 分別對 $\overrightarrow{f_{even}}$ 和 $\overrightarrow{f_{odd}}$ 計算其離散傅立葉轉換，可利用下列公式求得

$$\overrightarrow{f_{even}^{\wedge}}=\left[f_{even,0}^{\wedge} \quad f_{even,1}^{\wedge} \quad \cdots \quad f_{even,M-1}^{\wedge}\right]^T=F_M\overrightarrow{f_{even}} \cdots\cdots\cdots\cdots\cdots\cdots (A)$$

$$\overrightarrow{f_{odd}^{\wedge}}=\left[f_{odd,0}^{\wedge} \quad f_{odd,1}^{\wedge} \quad \cdots \quad f_{odd,M-1}^{\wedge}\right]^T=F_M\overrightarrow{f_{odd}} \cdots\cdots\cdots\cdots\cdots\cdots (B)$$

（註：上面二個 F_M 是相同的）

(5) 由 (A)、(B)，我們可以得到某一組量測點 $\vec{f}$ 的離散傅立葉轉換，即為

$$\begin{cases} f_n^{\wedge}=f_{even,n}^{\wedge}+w_N^n f_{odd,n}^{\wedge} \quad , \quad n=0,1,2,\cdots\cdots, M-1 \cdots\cdots\cdots (C) \\ f_{n+M}^{\wedge}=f_{even,n}^{\wedge}-w_N^n f_{odd,n}^{\wedge} \quad , \quad n=0,1,2,\cdots\cdots, M-1 \cdots\cdots\cdots (D) \end{cases}$$

（證明省略）

例 1 同上例，即令 $N = 4$ 次量測（取樣值），量到的值爲 $\vec{f} = [0 \quad 1 \quad 4 \quad 9]^T$，此離散傅立葉轉換爲何？

解 因 $N = 4$，所以 $M = N/2 = 2$，

而 $w_M^0 = \left(e^{-2\pi \cdot i/2}\right)^0 = 1$（$M = 2$），

$w_M^1 = \left(e^{-2\pi \cdot i/2}\right)^1 = \cos(-\pi) + i\sin(-\pi) = -1$

$$F_2 = \begin{bmatrix} w^0 & w^0 \\ w^0 & w^1 \end{bmatrix} = \begin{bmatrix} 1 & 1 \\ 1 & -1 \end{bmatrix}$$

$w_N^0 = (e^{-2\pi i/4})^0 = 1$（$N = 4$）

$$w_N^1 = (e^{-2\pi i/4})^1 = \cos\left(-\frac{\pi}{2}\right) + i\sin\left(-\frac{\pi}{2}\right)$$

$$= -i$$

由 (A) 式得

$$\overrightarrow{f_{even}^{\Lambda}} = \begin{bmatrix} f_0^{\Lambda} \\ f_2^{\Lambda} \end{bmatrix} = F_2 \overrightarrow{f_{even}} = \begin{bmatrix} 1 & 1 \\ 1 & -1 \end{bmatrix} \begin{bmatrix} f_0 \\ f_2 \end{bmatrix} = \begin{bmatrix} f_0 + f_2 \\ f_0 - f_2 \end{bmatrix}$$

由 (B) 式得

$$\overrightarrow{f_{odd}^{\Lambda}} = \begin{bmatrix} f_1^{\Lambda} \\ f_3^{\Lambda} \end{bmatrix} = F_2 \overrightarrow{f_{odd}} = \begin{bmatrix} 1 & 1 \\ 1 & -1 \end{bmatrix} \begin{bmatrix} f_1 \\ f_3 \end{bmatrix} = \begin{bmatrix} f_1 + f_3 \\ f_1 - f_3 \end{bmatrix}$$

註：底下 $\hat{f}_{even,\,0} = \hat{f}_0$，$\hat{f}_{odd,\,0} = \hat{f}_1$，$\hat{f}_{even,\,1} = \hat{f}_2$，$\hat{f}_{odd,\,1} = \hat{f}_3$

由 (C) 式得

$$f_0^{\Lambda} = f_{even,0}^{\Lambda} + w_N^0 f_{odd,0}^{\Lambda} = (f_0 + f_2) + (f_1 + f_3)$$

$$= f_0 + f_1 + f_2 + f_3 = 0 + 1 + 4 + 9 = 14$$

$$f_1^{\Lambda} = f_{even,1}^{\Lambda} + w_N^1 f_{odd,1}^{\Lambda} = (f_0 - f_2) - i(f_1 + f_3) = f_0 - if_1 - f_2 + if_3$$

$$= 0 - i - 4 + 9i = -4 + 8i$$

由 (D) 式得 $f_0^\Lambda = f_{even,0}^\Lambda + w_N^0\, f_{odd,0}^\Lambda = (f_0 + f_2) - (f_1 + f_3)$

$$= f_0 - f_1 + f_2 - f_3 = 0 - 1 + 4 - 9 = -6$$

$$f_3^\Lambda = f_{even,1}^\Lambda - w_N^1 f_{odd,1}^\Lambda = (f_0 - f_2) - (-i)(f_1 + f_3)$$

$$= f_0 + if_1 - f_2 - if_3$$

$$= 0 + i - 4 - 9i = -4 - 8i$$

$$\overrightarrow{f^\Lambda} = [14, -4 + 8i, -6, -4 - 8i]^T$$

與上一式的例 1 有相同的結果。

附錄

附錄一：證明週期是 2π 的週期函數，其傅立葉級數

題目：若函數 $f(x)$ 是週期為 2π 的週期函數，則其可以用下面的三角級數表示

$$f(x)=a_0+\sum_{n=1}^{\infty}\left(a_n\cos nx+b_n\sin nx\right)$$

其中：$a_0=\dfrac{1}{2\pi}\displaystyle\int_{-\pi}^{\pi}f(x)dx$

$$a_n=\frac{1}{\pi}\int_{-\pi}^{\pi}f(x)\cdot\cos nxdx，n=1,2,3,\cdots\cdots$$

$$b_n=\frac{1}{\pi}\int_{-\pi}^{\pi}f(x)\cdot\sin nxdx，n=1,2,3,\cdots\cdots$$

預備知識：證明之前，先算出下面五個三角函數的積分：

(1) $$\int_{-\pi}^{\pi}\cos nxdx=\int_{-\pi}^{\pi}\cos(nx)\frac{d(nx)}{n}=\frac{1}{n}\sin(nx)\Big|_{-\pi}^{\pi}$$

$$=\frac{1}{n}[\sin(n\pi)-\sin(-n\pi)]=0$$

(2) $$\int_{-\pi}^{\pi}\sin nxdx=\int_{-\pi}^{\pi}\sin(nx)\frac{d(nx)}{n}=-\frac{1}{n}\cos(nx)\Big|_{-\pi}^{\pi}$$

$$=-\frac{1}{n}[\cos(n\pi)-\cos(-n\pi)]=0$$

(3) $$\int_{-\pi}^{\pi}\cos nx\cos mxdx=\frac{1}{2}\int_{-\pi}^{\pi}\cos(n+m)xdx+\frac{1}{2}\int_{-\pi}^{\pi}\cos(n-m)xdx$$

(a) 若 $n\neq m$，則

$$\text{上式}=\frac{1}{2}\int_{-\pi}^{\pi}\cos(n+m)xdx+\frac{1}{2}\int_{-\pi}^{\pi}\cos(n-m)xdx=0$$

(b)若 $n=m$，則

$$\text{上式}=\frac{1}{2}\int_{-\pi}^{\pi}\cos(2mx)dx+\frac{1}{2}\int_{-\pi}^{\pi}\cos(0)dx=0+\frac{1}{2}x\Big|_{-\pi}^{\pi}=\pi$$

(4) $\int_{-\pi}^{\pi}\sin nx\cdot\sin mxdx=\frac{1}{2}\int_{-\pi}^{\pi}\cos(n-m)xdx-\frac{1}{2}\int_{-\pi}^{\pi}\cos(n+m)xdx$

(a)若 $n\neq m$，則

$$\text{上式}=\frac{1}{2}\int_{-\pi}^{\pi}\cos(n-m)xdx-\frac{1}{2}\int_{-\pi}^{\pi}\cos(n+m)xdx=0$$

(b)若 $n=m$，則

$$\text{上式}=\frac{1}{2}\int_{-\pi}^{\pi}\cos(0)dx-\frac{1}{2}\int_{-\pi}^{\pi}\cos(2m)dx=\frac{1}{2}x\Big|_{-\pi}^{\pi}-0=\pi$$

(5) $\int_{-\pi}^{\pi}\sin nx\cdot\cos mxdx=\frac{1}{2}\int_{-\pi}^{\pi}\sin(n+m)xdx+\frac{1}{2}\int_{-\pi}^{\pi}\sin(n-m)xdx$

$$=0+0=0$$

（註：此式不論是 $n\neq m$ 或 $n=m$，上式均為 0）

證明：(a) $f(x)=a_0+\sum_{n=1}^{\infty}\left(a_n\cos nx+b_n\sin nx\right)$

(a) 式二邊積分

$$\Rightarrow\int_{-\pi}^{\pi}f(x)dx=a_0\int_{-\pi}^{\pi}dx+\sum_{n=1}^{\infty}\left(a_n\int_{-\pi}^{\pi}\cos nxdx+b_n\int_{-\pi}^{\pi}\sin nxdx\right)$$

因 $\sin nx$ 和 $\cos nx$ 的週期為 $\frac{2\pi}{n}$，所以後項積分為 0

$$\Rightarrow\int_{-\pi}^{\pi}f(x)dx=a_0\int_{-\pi}^{\pi}dx=a_0\cdot 2\pi\Rightarrow a_0=\frac{1}{2\pi}\int_{-\pi}^{\pi}f(x)dx$$

(b) (a) 式二邊同乘以 $\cos(mx)$ 後再積分

$$\Rightarrow \int_{-\pi}^{\pi} f(x)\cos mx dx$$

$$= a_0 \int_{-\pi}^{\pi} \cos mx dx + \sum_{n=1}^{\infty}\left(a_n \int_{-\pi}^{\pi} \cos nx \cdot \cos mx dx \right.$$

$$\left. + b_n \int_{-\pi}^{\pi} \sin nx \cdot \cos mx dx \right)$$

只有當 $m = n$ 時，$\int_{-\pi}^{\pi} \cos nx \cdot \cos mx dx$ 值才不爲 0 ($= \pi$)，其餘項均爲 0，

所以 $a_n = \frac{1}{\pi}\int_{-\pi}^{\pi} f(x)\cdot \cos nx dx$　（$m = n$）

(c) (a) 式二邊同乘以 sin(mx) 後再積分

$$\Rightarrow \int_{-\pi}^{\pi} f(x)\sin mx dx$$

$$= a_0 \int_{-\pi}^{\pi} \sin mx dx + \sum_{n=1}^{\infty}\left(a_n \int_{-\pi}^{\pi} \cos nx \cdot \sin mx dx \right.$$

$$\left. + b_n \int_{-\pi}^{\pi} \sin nx \cdot \sin mx dx \right)$$

只有當 $m = n$ 時，$\int_{-\pi}^{\pi} \sin nx \cdot \sin mx dx$ 值才不爲 $0 (= \pi)$，其餘項均爲 0，

所以 $b_n = \frac{1}{\pi}\int_{-\pi}^{\pi} f(x)\cdot \sin nx dx$　（$m = n$）

附錄二：證明週期是 2L 的週期函數，其傅立葉級數

題目：週期爲 $2L$ 的週期函數 $f(x)$，證明其傅立葉級數爲

$$f(x)=a_0+\sum_{n=1}^{\infty}\left(a_n\cos(n\cdot\frac{\pi}{L}x)+b_n\sin(n\cdot\frac{\pi}{L}x)\right)$$

其中：

$$a_0=\frac{1}{2L}\int_{-L}^{L}f(x)dx$$

$$a_n=\frac{1}{L}\int_{-L}^{L}f(x)\cos\frac{n\pi x}{L}dx$$

$$b_n=\frac{1}{L}\int_{-L}^{L}f(x)\sin\frac{n\pi x}{L}dx$$

解：設 $g(v)$ 是週期爲 2π 的週期函數，再將它轉換成週期爲 $2L$ 的週期函數 $f(x)$：

(a) $g(v)$ 的傅立葉級數爲

$$g(v)=a_0+\sum_{n=1}^{\infty}\left(a_n\cos nv+b_n\sin nv\right)，$$

其中：

$$a_0=\frac{1}{2\pi}\int_{-\pi}^{\pi}g(v)dv$$

$$a_n=\frac{1}{\pi}\int_{-\pi}^{\pi}g(v)\cdot\cos(nv)dv$$

$$b_n=\frac{1}{\pi}\int_{-\pi}^{\pi}g(v)\cdot\sin(nv)dv$$

(b) 用變數變換法將 $g(v)$ 換成 $f(x)$，即

令 $v=\dfrac{2\pi}{2L}\cdot x=\dfrac{\pi}{L}\cdot x$

$\Rightarrow$ 當 $v=-\pi$ 時，$x=-L$；

當 $v=\pi$ 時，$x=L$；且 $dv=d\left(\frac{\pi}{L}\cdot x\right)=\frac{\pi}{L}\cdot dx$

$$g(v)=a_0+\sum_{n=1}^{\infty}\left(a_n\cos nv+b_n\sin nv\right)$$

$$=a_0+\sum_{n=1}^{\infty}\left(a_n\cos(n\cdot\frac{\pi}{L}x)+b_n\sin(n\cdot\frac{\pi}{L}x)\right)=f(x)，$$

其中：

$$a_0=\frac{1}{2\pi}\int_{-\pi}^{\pi}g(v)dv=\frac{1}{2L}\int_{-L}^{L}f(x)dx$$〔註：$g(v)=f(x)$〕

$$a_n=\frac{1}{\pi}\int_{-\pi}^{\pi}g(v)\cdot\cos(nv)dv=\frac{1}{L}\int_{-L}^{L}f(x)\cos\frac{n\pi x}{L}dx$$

$$b_n=\frac{1}{\pi}\int_{-\pi}^{\pi}g(v)\cdot\sin(nv)dv=\frac{1}{L}\int_{-L}^{L}f(x)\sin\frac{n\pi x}{L}dx$$

(c)所以週期為 $2L$ 的週期函數 $f(x)$ 的傅立葉級數為

$$f(x)=a_0+\sum_{n=1}^{\infty}\left(a_n\cos(n\cdot\frac{\pi}{L}x)+b_n\sin(n\cdot\frac{\pi}{L}x)\right)，$$

其中：

$$a_0=\frac{1}{2L}\int_{-L}^{L}f(x)dx$$

$$a_n=\frac{1}{L}\int_{-L}^{L}f(x)\cos\frac{n\pi x}{L}dx$$

$$b_n=\frac{1}{L}\int_{-L}^{L}f(x)\sin\frac{n\pi x}{L}dx$$

附錄三：證明 $f(x)$ 的傅立葉積分

題目：證明 $f(x)$ 的傅立葉積分為

$$f(x)=\int_0^{\infty}\left[A(w)\cos(wx)+B(w)\sin(wx)\right]dw，$$

其中：$A(w)=\dfrac{1}{\pi}\displaystyle\int_{-\infty}^{\infty}f(u)\cos(wu)du$

$$B(w)=\frac{1}{\pi}\int_{-\infty}^{\infty}f(u)\sin(wu)du$$

解：若 $f_L(x)$ 是週期為 $T\,(=2L)$ 的週期函數，則其傅立葉級數為

(a) $f_L(x)=a_0+\displaystyle\sum_{n=1}^{\infty}\left(a_n\cos(w_nx)+b_n\sin(w_nx)\right)$，

其中 $w_n=\dfrac{n\pi}{L}$，而

$$a_0=\frac{1}{2L}\int_{-L}^{L}f_L(x)dx$$

$$a_n=\frac{1}{L}\int_{-L}^{L}f_L(x)\cos\frac{n\pi x}{L}dx$$

$$b_n=\frac{1}{L}\int_{-L}^{L}f_L(x)\sin\frac{n\pi x}{L}dx$$

(b) 將 a_0、a_n、b_n 代入 $f_L(x)$ 內，得

$$\begin{aligned}f_L(x)=&\frac{1}{2L}\int_{-L}^{L}f_L(u)du\\&+\frac{1}{\pi}\sum_{n=1}^{\infty}\left(\cos(w_nx)\Delta w\int_{-L}^{L}f_L(u)\cos(w_nu)du\right.\\&\left.+\sin(w_nx)\Delta w\int_{-L}^{L}f_L(u)\sin(w_nu)du\right)\end{aligned}$$

其中：$\Delta\omega=\dfrac{\pi}{L}$

(c) 令 $L \to \infty$，並假設 $f(x)=\lim\limits_{L\to\infty} f_L(x)$，

則 $\frac{1}{L}\to 0$，且 $\Delta w=\frac{\pi}{L}\to 0$

$$\Rightarrow f(x)=\frac{1}{\pi}\int_0^{\infty}\left[\cos wx\int_{-\infty}^{\infty} f(u)\cos(wu)du\right.$$

$$\left.+\sin wx\int_{-\infty}^{\infty} f(u)\sin(wu)du\right]dw$$

令 $A(w)=\frac{1}{\pi}\int_{-\infty}^{\infty} f(u)\cos(wu)du$，

$B(w)=\frac{1}{\pi}\int_{-\infty}^{\infty} f(u)\sin(wu)du$

所以 $f(x)=\int_0^{\infty}[A(w)\cos(wx)+B(w)\sin(wx)]dw$，

此式稱爲傅立葉積分。

附錄四：證明傅立葉餘弦與正弦轉換

題目：(1) 證明

(a) $f(x)$ 的傅立葉餘弦轉換爲

$$\hat{f}_c(w)=\sqrt{\frac{2}{\pi}}\int_0^\infty f(x)\cos(wx)dx\text{；}$$

(b) $f(x)$ 爲 $\hat{f}_c(w)$ 的反傅立葉餘弦轉換，其爲

$$f(x)=\sqrt{\frac{2}{\pi}}\int_0^\infty \hat{f}_c(w)\cos(wx)dw\text{。}$$

(2) 證明

(a) $f(x)$ 的傅立葉正弦轉換爲

$$\hat{f}_s(w)=\sqrt{\frac{2}{\pi}}\int_0^\infty f(x)\sin(wx)dx\text{；}$$

(b) $f(x)$ 爲 $\hat{f}_s(w)$ 的反傅立葉正弦轉換，其爲

$$f(x)=\sqrt{\frac{2}{\pi}}\int_0^\infty \hat{f}_s(w)\sin(wx)dw\text{。}$$

解：

(1) 對於一個偶函數 $f(x)$，傅立葉積分就是傅立葉餘弦積分，即

$$f(x)=\int_0^\infty A(w)\cos(wx)dw\cdots\cdots(a)\quad(B(w)=0)$$

其中：$A(w)=\dfrac{2}{\pi}\displaystyle\int_0^\infty f(v)\cos(wv)dv\cdots\cdots(b)$

若令 $A(w)=\sqrt{2/\pi}\hat{f}_c(w)\cdots\cdots(c)$（其中 c 表示 cos）

由 (b) 式，將 v 改寫爲 x，得

$$\hat{f}_c(w)=\sqrt{\frac{2}{\pi}}\int_0^\infty f(x)\cos(wx)dx$$

將 (c) 代入 (a) $\Rightarrow f(x)=\sqrt{\frac{2}{\pi}}\int_0^{\infty}\hat{f}_c(w)\cos(wx)dw \cdots\cdots$ (d)

其中：$\hat{f}_c(w)$ 稱爲 $f(x)$ 的傅立葉餘弦轉換；而 $f(x)$ 稱爲 $\hat{f}_c(w)$ 的反傅立葉餘弦轉換。

(2) 對於一個奇函數 $f(x)$，傅立葉積分就是傅立葉正弦積分，即

$f(x)=\int_0^{\infty}B(w)\sin(wx)dw \cdots\cdots$ (m)（其中 $A(w)=0$）

其中：$B(w)=\frac{2}{\pi}\int_0^{\infty}f(v)\sin(wv)dv \cdots\cdots$ (n)

若令 $B(w)=\sqrt{2/\pi}\hat{f}_s(w) \cdots\cdots$ (p)，其中 s 表示 sin，

由 (n) 式，將 v 改寫爲 x，得

$$\hat{f}_s(w)=\sqrt{\frac{2}{\pi}}\int_0^{\infty}f(x)\sin(wx)dx$$

將 (p) 代入 (m) $\Rightarrow f(x)=\sqrt{\frac{2}{\pi}}\int_0^{\infty}\hat{f}_s(w)\sin(wx)dw \cdots\cdots$ (q)

其中：$\hat{f}_s(w)$ 稱爲 $f(x)$ 的傅立葉正弦轉換；而 $f(x)$ 稱爲 $\hat{f}_s(w)$ 的反傅立葉正弦轉換。

附錄五：證明複數傅立葉級數

題目：證明週期爲 2π 的複數傅立葉級數爲 $f(x)=\sum_{n=-\infty}^{\infty} c_n e^{inx}$，其中 $c_n=\frac{1}{2\pi}\int_{-\pi}^{\pi} f(x)e^{-inx}dx$，$n=0, \pm 1, \pm 2, \cdots\cdots$。

解：

(1) 週期爲 2π 的函數 $f(x)$ 的傅立葉級數爲

$$f(x)=a_0+\sum_{n=1}^{\infty}\left(a_n\cos nx+b_n\sin nx\right)$$

而 $e^{it}=\cos t+i\sin t$ 且 $e^{-it}=\cos t-i\sin t$

$$\Rightarrow \cos t=\frac{1}{2}\left(e^{it}+e^{-it}\right),\ \ \sin t=\frac{1}{2i}\left(e^{it}-e^{-it}\right)=\frac{-i}{2}\left(e^{it}-e^{-it}\right),$$

所以

$$a_n\cos nx+b_n\sin nx=\frac{1}{2}a_n\left(e^{inx}+e^{-inx}\right)-\frac{i}{2}b_n\left(e^{inx}-e^{-inx}\right)$$

$$=\frac{1}{2}\left(a_n-ib_n\right)e^{inx}+\frac{1}{2}\left(a_n+ib_n\right)e^{inx}$$

令 $a_0=c_0$，且 $\frac{1}{2}\left(a_n-ib_n\right)=c_n$，且 $\frac{1}{2}\left(a_n+ib_n\right)=k_n$，則

$$f(x)=c_0+\sum_{n=1}^{\infty}\left(c_n e^{inx}+k_n e^{-inx}\right)$$

(2) 因 $a_0=\frac{1}{2\pi}\int_{-\pi}^{\pi} f(x)dx$；$a_n=\frac{1}{\pi}\int_{-\pi}^{\pi} f(x)\cdot\cos nx dx$；

$$b_n=\frac{1}{\pi}\int_{-\pi}^{\pi} f(x)\cdot\sin nx dx$$

所以 $c_n=\frac{1}{2}\left(a_n-ib_n\right)=\frac{1}{2\pi}\int_{-\pi}^{\pi} f(x)\left(\cos nx-i\sin nx\right)dx$

$$=\frac{1}{2\pi}\int_{-\pi}^{\pi} f(x)e^{-inx}dx$$

$$k_n = \frac{1}{2}(a_n + ib_n) = \frac{1}{2\pi}\int_{-\pi}^{\pi} f(x)(\cos nx + i\sin nx)\,dx$$

$$= \frac{1}{2\pi}\int_{-\pi}^{\pi} f(x)e^{inx}\,dx$$

因 $k_n = c_{-n}$，所以 $f(x)$ 的複數傅立葉級數爲（從 $-\infty$ 開始加起，即 c_{-n}）

$$f(x) = \sum_{n=-\infty}^{\infty} c_n e^{inx}，$$

其中 $c_n = \frac{1}{2\pi}\int_{-\pi}^{\pi} f(x)e^{-inx}\,dx$，$n = 0, \pm 1, \pm 2, \cdots\cdots$

附錄六：證明離散傅立葉轉換

題目：週期為 2π 的函數 $f(x)$，若 $f_k = f(x_k)$ 且 $k = 0, 1, \cdots\cdots, N-1$，為「相同時間間隔」的 N 次量測值，證明其離散傅立葉轉換為

$$\begin{bmatrix} \hat{f}_0 \\ \hat{f}_1 \\ \vdots \\ \hat{f}_{N-1} \end{bmatrix} = \begin{bmatrix} w^{0\cdot 0} & w^{0\cdot 1} & \cdots & w^{0\cdot(N-1)} \\ w^{1\cdot 0} & w^{1\cdot 1} & \cdots & w^{1\cdot(N-1)} \\ \vdots & \vdots & \vdots & \vdots \\ w^{(N-1)\cdot 0} & w^{(N-1)\cdot 1} & \cdots & w^{(N-1)\cdot(N-1)} \end{bmatrix} \begin{bmatrix} f_0 \\ f_1 \\ \vdots \\ f_{N-1} \end{bmatrix}$$

$$= \begin{bmatrix} w^0 & w^0 & \cdots & w^0 \\ w^0 & w^1 & \cdots & w^{N-1} \\ \vdots & \vdots & \vdots & \vdots \\ w^0 & w^{N-1} & \cdots & w^{(N-1)(N-1)} \end{bmatrix} \begin{bmatrix} f_0 \\ f_1 \\ \vdots \\ f_{N-1} \end{bmatrix}$$

其中：$w^n = e^{-2\pi \cdot n \cdot i / N}$

解：

(1) 令 $f(x)$ 是週期為 2π 的週期函數（$0 \le x \le 2\pi$），$f(x)$ 的 N 次量測為相同「間隔的點」，

即 $x_k = \dfrac{2\pi k}{N}$，$k = 0, 1, 2, \cdots\cdots, N-1$

(2) 有一複數三角多項式為

$q(x) = \sum\limits_{n=0}^{N-1} c_n e^{inx_k}$，$k = 0, 1, 2, \cdots\cdots, N-1$，

若 $q(x)$ 要滿足在「間隔點」（即 $x_k = \dfrac{2\pi k}{N}$，$k = 0, 1, 2, \cdots\cdots, N-1$）的值等於 $f(x)$ 的值，即要滿足 $q(x_k) = f(x_k)$。

(3) 若以 f_k 表示 $f(x_k)$，也就是要滿足 $f_k = f(x_k) = q(x_k) = \sum\limits_{n=0}^{N-1} c_n e^{inx_k}$，$k = 0, 1, 2, \cdots\cdots, N-1$，

則可以用下列的方法決定 $c_0, c_1, \cdots\cdots, c_{N-1}$ 的值

(a)將 (3) 的方程式二邊同乘以 e^{-imx_k}，並對 m 從 0 加到 $N-1$，即

$$\sum_{k=0}^{N-1} f_k e^{-imx_k} = \sum_{k=0}^{N-1}\sum_{n=0}^{N-1} c_n e^{i(n-m)x_k} = \sum_{n=0}^{N-1} c_n \sum_{k=0}^{N-1} e^{i(n-m)2\pi k/N} \cdots\cdots\cdots\cdots\text{(A)}$$

其中 $e^{i(n-m)2\pi k/N} = \left[e^{i(n-m)2\pi/N}\right]^k = r^k$，其中令 $r = e^{i(n-m)2\pi k}$

(b)若 $n = m$，則 $r = e^0 = 1$

若 $n \neq m$，則 $r \neq 1$，且 $\sum_{k=0}^{N-1} r^k = \dfrac{1-r^N}{1-r} = 0$

（因 $r^N = e^{i(n-m)2\pi k} = \cos 2\pi k(n-m) + i\sin 2\pi k(n-m) = 1+0=1$）

(c)所以第 (A) 式右邊等於 $c_m N$，若將 m 改成 n，並除以 N，可得

$c_n = \dfrac{1}{N}\sum_{k=0}^{N-1} f_k e^{-inx_k}$，其中 $f_k = f(x_k)$，$n = 0, 1, 2, \cdots\cdots, N-1$

(4) 令 $\overset{\wedge}{f_n} = N \cdot c_n = \sum_{k=0}^{N-1} f_k e^{-inx_k}$，$f_k = f(x_k)$ 且 $n = 0, 1, 2, \cdots\cdots, N-1$，此爲訊號的頻譜。

(5) 若將它用向量表示，則可表示成 $\vec{\overset{\wedge}{f_n}} = F_N \cdot \vec{f}$，其中 F_N 爲 $N\times N$ 傅立葉矩陣。若其第 (n, k) 個元素表示成 e_{nk}，則由 (3) 知

$e_{nk} = e^{-inx_k} = e^{-2\pi\cdot i\cdot n\cdot k/N} = (e^{-2\pi\cdot i/N})^{nk} = w^{nk}$，

（即令 $w^i = e^{-2\pi\cdot i/N}$）（其中 $n, k = 0, 1, \cdots\cdots, N-1$），

所以$$\begin{bmatrix} \hat{f}_0 \\ \hat{f}_1 \\ \vdots \\ \hat{f}_{N-1} \end{bmatrix} = \begin{bmatrix} w^{0\cdot 0} & w^{0\cdot 1} & \cdots & w^{0\cdot(N-1)} \\ w^{1\cdot 0} & w^{1\cdot 1} & \cdots & w^{1\cdot(N-1)} \\ \vdots & \vdots & \vdots & \vdots \\ w^{(N-1)\cdot 0} & w^{(N-1)\cdot 1} & \cdots & w^{(N-1)\cdot(N-1)} \end{bmatrix} \begin{bmatrix} f_0 \\ f_1 \\ \vdots \\ f_{N-1} \end{bmatrix}$$

$$= \begin{bmatrix} w^0 & w^0 & \cdots & w^0 \\ w^0 & w^1 & \cdots & w^{N-1} \\ \vdots & \vdots & \vdots & \vdots \\ w^0 & w^{N-1} & \cdots & w^{(N-1)(N-1)} \end{bmatrix} \begin{bmatrix} f_0 \\ f_1 \\ \vdots \\ f_{N-1} \end{bmatrix}$$

其中$w^n = e^{-2\pi\cdot n\cdot i/N}$。

國家圖書館出版品預行編目資料

第一次學工程數學就上手. 2, 拉氏轉換與傅立葉／林振義著. -- 五版. -- 臺北市：五南圖書出版股份有限公司, 2024.09
面； 公分
ISBN 978-626-393-580-8（平裝）

1.CST: 工程數學

440.11 113010632

5BE8

第一次學工程數學就上手(2)：拉氏轉換與傅立葉

作　　者— 林振義（130.6）
企劃主編— 王正華
責任編輯— 張維文
封面設計— 封怡彤
出 版 者— 五南圖書出版股份有限公司
發 行 人— 楊榮川
總 經 理— 楊士清
總 編 輯— 楊秀麗
地　　址：106臺北市大安區和平東路二段339號4樓
電　　話：(02)2705-5066　傳　　真：(02)2706-6100
網　　址：https://www.wunan.com.tw
電子郵件：wunan@wunan.com.tw
劃撥帳號：01068953
戶　　名：五南圖書出版股份有限公司

法律顧問　林勝安律師

出版日期　2019年9月初版一刷
　　　　　2020年6月二版一刷
　　　　　2021年6月三版一刷
　　　　　2022年9月四版一刷
　　　　　2024年9月五版一刷

定　　價　新臺幣260元

經典永恆·名著常在

五十週年的獻禮──經典名著文庫

五南，五十年了，半個世紀，人生旅程的一大半，走過來了。
思索著，邁向百年的未來歷程，能為知識界、文化學術界作些什麼？
在速食文化的生態下，有什麼值得讓人雋永品味的？

歷代經典・當今名著，經過時間的洗禮，千錘百鍊，流傳至今，光芒耀人；
不僅使我們能領悟前人的智慧，同時也增深加廣我們思考的深度與視野。
我們決心投入巨資，有計畫的系統梳選，成立「經典名著文庫」，
希望收入古今中外思想性的、充滿睿智與獨見的經典、名著。
這是一項理想性的、永續性的巨大出版工程。
不在意讀者的眾寡，只考慮它的學術價值，力求完整展現先哲思想的軌跡；
為知識界開啟一片智慧之窗，營造一座百花綻放的世界文明公園，
任君遨遊、取菁吸蜜、嘉惠學子！